U0216354

厦门大学选修课教材丛书

葡萄酒痴守三生三世，等您品鉴那一刻

葡萄酒的三生三世

Three Lives Of Wine

陈庭纬 ◎ 著

厦门大学出版社 国家一级出版社
XIAMEN UNIVERSITY PRESS 全国百佳图书出版单位

图书在版编目(CIP)数据

葡萄酒的三生三世/陈庭纬著.—厦门:厦门大学出版社,2017.8(2019.7 重印)
(厦门大学选修课教材丛书)
ISBN 978-7-5615-6519-3

Ⅰ.①葡…　Ⅱ.①陈…　Ⅲ.①葡萄酒－高等学校－教材　Ⅳ.①TS262.61

中国版本图书馆 CIP 数据核字(2017)第 126855 号

出 版 人	郑文礼
责任编辑	吴兴友
装帧设计	桂林金山文化发展有限责任公司
美术编辑	张雨秋
技术编辑	朱　楷

出版发行 厦门大学出版社

社　　址	厦门市软件园二期望海路 39 号
邮政编码	361008
总 编 办	0592-2182177　0592-2181406(传真)
营销中心	0592-2184458　0592-2181365
网　　址	http://www.xmupress.com
邮　　箱	xmup@xmupress.com
印　　刷	厦门集大印刷厂

开本	787 mm×1 092 mm　1/16
印张	14.25
插页	2
字数	173 千字
版次	2017 年 8 月第 1 版
印次	2019 年 7 月第 2 次印刷
定价	68.00 元

本书如有印装质量问题请直接寄承印厂调换

厦门大学出版社
微信二维码

厦门大学出版社
微博二维码

传播健康时尚文化的火炬手

——论《葡萄酒的三生三世》作者陈庭纬

认识陈庭纬当然是在我们深商系的大家庭，他是作为副会长加入深商联的，也是第一家专业葡萄酒商进入会长圈子。庭纬给大家的感觉不是一个商人，反而更像一个文人，一个学者，也即是儒商的形象。他所创立的建文酒业，宗旨是"建葡萄美酒文化，享时尚健康生活"，推动国内形成健康时尚的葡萄酒文化，实现他心目中的中国梦：让国人们改干杯为品酒，改"感情铁，喝出血"为"不管喝多少，感情都是好"！

深圳敢为天下先，常在中国文化新画卷上留下浓墨重彩，葡萄酒的风气从南至北影响中国，葡萄酒文化也将由深圳风靡到全国各地。深商系聚集了深圳一大批有理想有抱负且打开了一片各自天地的企业家。作为中国最大的商帮目前拥有八千多个企业会员单位，陈庭纬亦是深商的一名青年企业家，充满着情怀的儒商。他曾经作为深商联第一期三名企业家代表之一，与最具情怀的深商总会理事会主席、万科董事长王石先生一起去剑桥学习赛艇，也是国际最大 NGO 慈善组织——狮子会深圳福田会会长，更是潮汕籍的企业家，同时也是厦门大学管理学院的兼职教授。我感觉到现在的这本充满趣味又专业的葡萄酒文化品鉴书籍《葡萄酒的三生三世》，将会作为他致力当好"传播健康时尚酒文化的火炬手"的经典之作。

"沉淀文化传后世，百战归来再读书。"这句话赠予陈庭纬，并祝福所有的深商都拥有理想与情怀，致力打造自己的新天地！

庄礼祥

深圳市前市委副书记、深商总会、深商联合会会长

2017 年 5 月

序 二

　　关于葡萄酒的起源，古籍记载各不相同。普遍认同的一种说法是葡萄酒大概是在一万年前诞生。众所周知，葡萄酒是自然发酵的产物，在葡萄果粒成熟后落到地上，果皮破裂，渗出的果汁与空气中的酵母菌接触后不久，原始意义上的葡萄酒就产生了。人类的远祖一定是尝到这自然的产物，从而去模仿大自然生物本能的酿酒过程。因此，从现代科学的观点来看，酒的起源是经历了一个从自然酒过渡到人工造酒的过程。

　　人工酿造的葡萄酒传入欧洲后，深受欧洲人的喜爱。古希腊先哲柏拉图感慨道："上帝赐予人类的好而有价值的东西，莫过于葡萄酒。"苏格拉底也说过："葡萄酒能抚慰人们的情绪，让人忘记烦恼，使我们恢复生气，重燃生命之火，小小的一口葡萄酒，会如最甜美的晨露般渗入我们的五脏六腑……"可见，葡萄酒给欧洲人的生活带来了无与伦比的享受与愉悦。无怪乎，有人情不自禁地感慨道："葡萄酒，是男人的爱物，女人的宠物，能让男子深情，让女子平添刚毅。"

　　美国作家威廉·杨格更是形象生动地把葡萄酒描绘成具有生命的动物，他说道："一串葡萄，是美丽的，可爱的，纯洁的，但它仅仅是水果而已；一旦经过了压榨，它就变成了一种"动物"，因为它酝酿成酒以后，就拥有了动物的生命。"

　　在欧美国家，葡萄酒不仅是一种酒精饮料，更是被人们视为能够带来健康和快乐的、具有生命的精灵。种葡萄、酿造葡萄酒和品尝葡萄酒俨然成为一种文化，即葡萄酒文化。现如今，葡萄酒文化语言，已经成为世界上一种流通的语言，无论在国内或国际，所有的高端宴会，几乎都离不开葡萄酒，我国外交部礼宾司也有专门的葡萄酒文化礼仪培训课程。在欧美国家，提及葡萄酒文化及礼仪，无论是王公贵族，还是平民百姓，几乎无人不晓、无人不熟。而在国内，葡萄酒的文化礼仪也逐渐风靡流行，日益受到普罗大众的关注。

陈庭纬为我校校友，是管理学院旅游与酒店管理系兼职教授，他从事葡萄酒经营有年，并为此游学于英法，对欧洲的葡萄酒文化深有体悟，从2013年开始在短学期来厦门大学管理学院旅游与酒店管理系为本科生们开设"葡萄酒品鉴"选修课程，也多次为厦大教师讲授"葡萄酒品鉴"课，很受师生好评。

近日，欣闻陈庭纬先生已把自己多年来对葡萄酒文化的感悟与体会及相关授课内容编辑成册，并命名为《葡萄酒的三生三世》。他把葡萄酒从种子、种植、成熟、成酒及相关品鉴葡萄酒的知识及礼仪，以生动的文字及图片，惟妙惟肖的拟人化介绍，呈现在读者面前。《葡萄酒的三生三世》，既是一本介绍葡萄酒文化知识的课本，也是一部把葡萄酒作为主角来讲的故事书。在此书即将付梓之际，承蒙庭纬先生不弃，让我为之序。

林德荣

厦门大学管理学院旅游与酒店管理系系主任、博士生导师、教授

自 序

　　葡萄酒的专业书在书店的书架上不知凡几，琳琅满目地躺在书店较为中心的柜台上，旁边自然也有茶经茶知识、品咖啡雪茄及一系列时尚潮流图书……此类书畅销了好几年之后，慢慢转为静默的状态。前几年，人们在身边要找到葡萄酒的品酒专家较难，但2015年后，在大家的朋友圈里，悄悄地出现了若干品酒师、侍酒师，而且还在持续增加。同时，各种微信平台、公众号及朋友圈冒出了许多传播葡萄酒专业知识的文章。

　　这是互联网的影响，让葡萄酒文化的传播比以前更快更方便。不过这些公众号、朋友圈之类，经常冒出广告，而且有时会片面地引导你的思维（营销潜移默化、无孔不入），所以，有商业色彩的新媒体传播的知识还需要过滤，去其广告及偏见，取其精华。与时俱进地用互联网普及葡萄酒知识，可以让受众广泛获取基本知识，但传统的书本传播，永远会有其一席之地，只不过要提升可读性、专业性及趣味性。

　　笔者从1990年代进入酒类行业并师从外国品酒师接触到葡萄酒知识，从业加上欧洲游学已逾20年。厦门大学历史专业毕业后，笔者谢绝了分配到宣传部的工作，下海逐梦，成为外资企业的高管，后来在荷兰喜力啤酒及英国帝亚吉欧洋酒公司（全球洋酒烈酒第一大公司）中国区的销售及市场部任职，奠定了与各种酒打交道的基础，特别是爱上了葡萄酒。笔者在1990年代就致力于推广葡萄酒文化，且到多国游学学习，包括到法国葡萄酒大学（里昂）和英国剑桥大学学习。2012年引进法国葡萄酒大学，并与建文酒业联合办学，2013年在厦门大学开设了本科生学分选修课，至今仍在教学，这也是985高校唯一一门葡萄酒文化学分课。该课程被学生评为"最好的选修课""最浪漫的课程"，每学期只招五十几名学生，却有七八百人抢课，抢到课的学生都高兴地称："人品大爆发"。

写一本有趣可读，专业又生动的葡萄酒文化之书，是2011年萌发的念头，至此方成雏形。因这几年传统书本传播有滞后之势，故一再延迟，笔者一直想找到一种传统与现代结合的方法。2015年之后，直播平台火热，各种网红红遍全国，层次参差不齐，洗牌整合之后，我发现，无论层次上还是质量上，京东直播严控把关，算是能为专业人士提供一个面对面传播葡萄酒文化的平台。我应邀上直播后，在以"天龙八部品酒荟"之名作线上直播的同时，本书也应运而生。

本书将葡萄从种子、成熟到成酒，直至品鉴美酒的过程，总结为历经了三生三世。用优美的故事，大量的图片，朴实的语言，拟人化的描述，给大家带来趣味横生的葡萄酒专业知识，并与时俱进地跟现代时尚生活相结合，使大家能学以致用。

葡萄酒的第一生世，是它从一颗种子到开枝、散叶、结果的过程。这一生世由庄主、农业师陪伴长大，饱经风

霜雪雨。这一生世需要专业的种植养护知识才能收获优质葡萄。

葡萄酒的第二生世，是从葡萄果实成熟采摘后，进入酿酒的环节，直到成酒。这第二生世，也是专业人士最为感兴趣的一世，包括了酿酒的所有环节，见证了葡萄从植物转化为"动物"（葡萄酒又誉为有灵魂之物）的涅槃过程。

葡萄酒的第三生世，最为多变奇特。这一生世，前半生由庄主及酿酒师陪伴，后面大半生由商人、酒客陪伴，如遇伯乐、懂酒之人，爱惜呵护，葡萄酒能度过最好的第三生；如遇暴殄天物之客，葡萄酒则生命短促，红颜薄命。

第三生世故事最多，情怀无数，可品可叹者不知凡几。

葡萄酒的第三生世大结局，即从酒瓶打开的伊始，至喝进人体内，成为天人合一的精华，这就是第三生世最短暂但又最璀璨最有价值的一刻，人与葡萄酒精灵实现完美结合。这大结局也是品酒的高潮，个中奥妙无穷。

《葡萄酒的三生三世》是一本融合趣味性与实用性之书，并不强调现阶段社会上流行的品酒师、侍酒师对美酒的品味感受，并不期望读者都成为葡萄酒专业人士，更多的是让喜欢葡萄酒的人们学习基本知识。另外，也想让原来不喜欢葡萄酒的人们，通过阅读本书对葡萄酒产生兴趣。

如您从中有所受益，则笔者不胜欣喜。开启您的葡萄酒品鉴之旅吧。

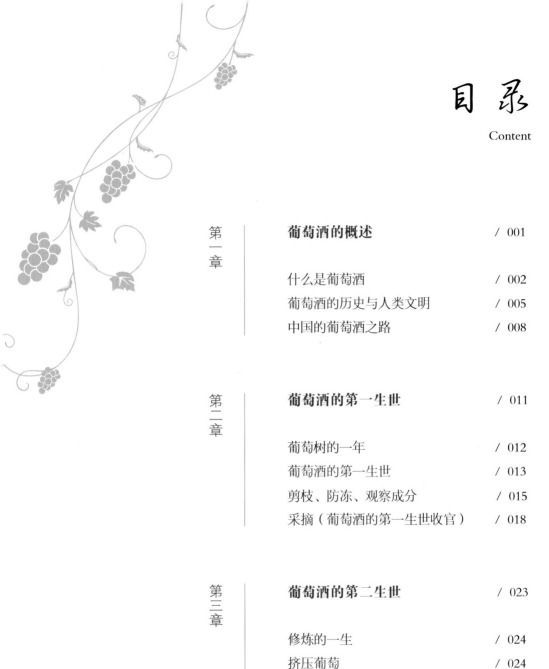

目 录
Content

第一章 | **葡萄酒的概述** | / 001

什么是葡萄酒 | / 002

葡萄酒的历史与人类文明 | / 005

中国的葡萄酒之路 | / 008

第二章 | **葡萄酒的第一生世** | / 011

葡萄树的一年 | / 012

葡萄酒的第一生世 | / 013

剪枝、防冻、观察成分 | / 015

采摘（葡萄酒的第一生世收官） | / 018

第三章 | **葡萄酒的第二生世** | / 023

修炼的一生 | / 024

挤压葡萄 | / 024

去梗破皮 | / 027

浸皮与发酵 | / 028

榨汁与后发酵 | / 028

橡木桶中的培养 | / 028

储藏管理 | / 030

澄清后装瓶 / 033

瓶中成年 / 034

葡萄酒的第二生世的总结 / 035

第四章

葡萄酒的第三生世 / 037

杯酒人生 / 038

葡萄酒的功能 / 040

葡萄酒礼仪及文化知识 / 042

名庄酒的文化及介绍 / 057

拉菲的世界 / 078

第五章

葡萄酒第三生世的精彩故事 / 139

世界上最负盛名的 61 名庄图 / 140

葡萄酒之江湖 / 151

名庄与功夫门派 / 165

葡萄酒与汽车 / 173

葡萄酒与音乐 / 178

嫁人要嫁懂点葡萄酒的男人 / 184

娶人要娶懂点葡萄酒的女人 / 189

女人与葡萄酒 / 193

葡萄酒的人文情怀 / 195

葡萄酒第三生世大结局 / 205

品酒日记 / 213

葡萄酒的第三生：辉煌的一生 / 215

Chapter 1

葡萄酒的概述

◆ 什么是葡萄酒

◆ 葡萄酒的历史与人类文明

◆ 中国的葡萄酒之路

什么是葡萄酒

葡萄酒的历史有多久？据考古学家资料，最早的葡萄酒残汁是在伊朗的一个古陶罐里出现，距今有一万年，即公元前8000年在两河流域的巴比伦文明出现。之后向东西两边传播，西传的证据就是在古埃及的壁画里可以看到（附图），再传入古希腊，古罗马帝国强盛时又传遍了欧洲及北非。"条条大路通罗马"，罗马战车把葡萄种植及葡萄酒也带到所征服的地区，法国（当时未成国，只是高卢地区）也是当年开始种植葡萄并酿酒。

古人在四处采集粮食时无意中把采来的野葡萄堆集在陶罐中，忘记食用，到了春天，才发现葡萄自然腐烂后，形成了一种带有诱人香味的果液（天然的酵母和葡萄中的糖把葡萄汁变成了葡萄酒），试饮后令人神清气爽，从而慢慢流传并形成了葡萄酒的酿造方法。所以，葡萄酒是无意中发现的，并非发明的！

古埃及壁画

古埃及人的壁画上清楚地描述了葡萄酒的酿制过程，从采集葡萄，到品尝成品。而古罗马人则把他们的葡萄园推广到法国和其他欧洲国家，包括英国。

古埃及壁画

葡萄酒与葡萄

世界上有几千种不同的葡萄品种，能酿酒的品种有一千多种，其他的品种大多是水果葡萄。有一句俗话说：能酿酒的葡萄不能当水果，能当水果的葡萄不能酿酒。

这是浅显易懂的知识。因为一瓶好的葡萄酒里含单宁，并富含白藜芦醇，单宁有酸涩感，而白藜芦醇对人体有保健作用，可以改善人体内环境、软化血管等。葡萄酒中的单宁、白藜芦醇是由葡萄皮、根梗、葡萄籽经由天然酵母发酵后转化而来的。酿酒的葡萄皮厚，籽多，水分较少，酵母往往也存在葡萄皮上，而水果葡萄往往是皮薄子少水多，甚至还有无子葡萄，故品尝时觉得甜蜜多汁，但丧失了大部分单宁及白藜芦醇。

适合培养种植并酿出好品质的葡萄酒的葡萄，与所处的地理位置及气候有很大的关系，地理位置首选在南北纬30~50度之间，雨水均匀的地区，故产生了十二个葡萄酒王国：旧世界中欧洲大陆的法国、意大利、西班牙、德国、葡萄牙；新世界中的澳大利亚、新西兰、阿根廷、智利、南非、美国、加拿大。

定义：葡萄酒是什么？

· 葡萄酒是一种由新鲜葡萄汁经过自然发酵所产生的酒精饮料，发酵的过程是根据葡萄酒产地的传统来控制的。

· "一串葡萄是美丽、静止与纯洁的，但它只是水果而已；一旦压榨后，它就变成了一种'动物'，因为它变成酒以后，就有了灵魂。"

· 根据国际组织 OIV（国际葡萄与葡萄酒组织）的定义："葡萄酒是 100% 的葡萄或葡萄汁经自然发酵后产生的含酒精的饮料，其酒精含量不能低于 8.5%（V/V）。"

葡萄酒的成分

香气物质	色素和单宁	酸	糖	酒精	水分
0.1%	0.3%	1%	0.1%~8%	8.5%~23%	80%~90%

葡萄酒的历史与人类文明

葡萄酒与人类文明

对人类而言，葡萄酒不是一种单纯的酒精饮料，它已经伴随我们走过了近万年的岁月。在人类历史中，随处可见葡萄酒印记，它伴随着人类每一次的激动、疯狂、堕落和创造。古罗马帝国贵族的穷奢极欲，基督教的耶稣之血，唐代边塞诗人王翰的"葡萄美酒夜光杯"，乃至近现代的种种葡萄酒故事等，都是不灭的印记。

欧洲黑暗的中世纪却是葡萄酒发展的第一个黄金时期，贵族、教会都将葡萄酒视为财富的象征，修士们（西多会苦修士，像《达·芬奇密码》中的苦修士）都把精力贡献在葡萄的种植及酒的酿造上。大片的葡萄种植园相继出现，葡萄酒的种类日益丰富，也带动了葡萄酒贸易的繁荣，葡萄酒成为社会流通产品。

远古时期葡萄酒作为：

——排解烦恼的力量，贵族的特权

在古希腊、古罗马葡萄酒作为：

——众神的祭品

基督教认为葡萄酒是：

——诺亚的奖赏、应许之地、耶稣的血

红色的葡萄园 (1888年11月，750 mm×930 mm)
——凡·高生前唯一卖出的作品

1453 年，英法百年战争结束，波尔多最终向法国投降，英国在统治了 300 多年后，最终失去对著名的波尔多葡萄酒产地的控制权。到了 17 世纪，英国国王亨利八世为了加入"神圣同盟"，重夺生产葡萄酒的波尔多而与阿拉贡的凯瑟琳结婚，后来因为凯瑟琳只生了一个女儿，亨利违反教皇训诫，解除婚约，最终导致英国脱离罗马天主教会，建立了英国国教。

1789 年 7 月 11 日，法国资产阶级大革命的起义者摧毁了位于巴黎边缘的布朗谢关卡，打响了法国资产阶级革命第一枪，这个关卡之所以成为第一个受攻击的目标，就因为它是葡萄酒的重税关卡，备受关注。

波尔多和勃艮第葡萄酒在 19 世纪进入了一个黄金时代，大片的种植园，成熟的酿造方法，使得葡萄酒畅销整个欧洲，人类的历史随着紫红色的琼浆陷入无尽的狂欢之中。

中国的葡萄酒之路

可能是张裕的广告"海纳百川，百年张裕"较为深入人心，让人以为葡萄酒是19世纪末才传进中国来的。其实，这是个错误认识。

从葡萄酒历史上来说，中国也属于旧世界酿酒之国（新旧世界葡萄酒之分是以年代作标准，法国为主的欧洲有一两千年酿酒史，故为旧世界，其他如美洲、澳洲等只有四五百年历史，称为新世界），两河流域是葡萄酒文化发源地。

汉代张骞从西域带来了葡萄种子，开始种植葡萄并酿酒，距今已有两千年历史。中国的葡萄酒酿造在唐代达到高峰。古人有"葡萄美酒夜光杯"一说，当时夜光杯是用玉石打磨而成的。

月光杯

唐末之后，战争内乱不断，直到明朝，"广积粮，高筑墙"成为此时国家最重要的宗旨，故葡萄的种植没有得到重视，加上中原天气变冷，不利于葡萄树的生长，所以中国的葡萄酒出现了断层。直到清末，葡萄才由欧美传入，在中国北方逐渐广泛种植，并形成了各大产酒区——河北、山东、山西、陕西、甘肃、新疆等，都在适合种植优良葡萄树的区域，即北纬30度到50度之间。

讲完葡萄酒的历史及概念，我们来了解下葡萄这种天赐之物是何等生灵，它怎么从一颗种子变成我们杯中的美酒，愉悦并改善我们的身体，而且成为生活中不可缺少的一部分。

一颗葡萄种子，经过精心培养种植，成为成熟果实——葡萄；

一串葡萄，又经过一系列程序，变成一瓶美酒；

一瓶美酒，经历多少曲折，来到我们面前，带给我们愉悦与健康，发生无数美丽动人的故事。

这三段华丽的涅槃，我们称之为：葡萄酒的三生三世。

Chapter 2

葡萄酒的第一生世

- ◆ 葡萄树的一年

- ◆ 葡萄酒的第一生世

- ◆ 剪枝，防冻，观察成分

- ◆ 采摘(葡萄酒的第一生世收官)

葡萄树的一年

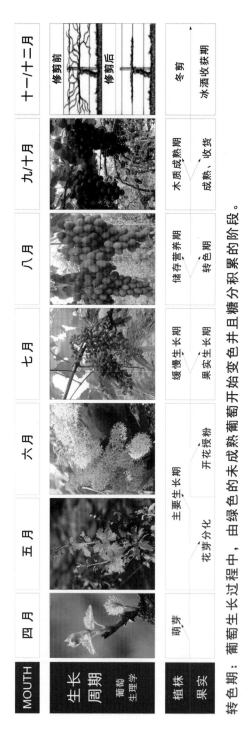

MOUTH	四月	五月	六月	七月	八月	九/十月	十一/十二月
生长周期 葡萄生理学	萌芽	主要生长期 花芽分化	主要生长期 开花授粉	缓慢生长期 果实生长期	储存营养期 转色期	木质成熟期 成熟、收货	冬剪 冰酒收获期
植株 果实							

果皮

籽

果肉

梗

叶子

转色期：葡萄生长过程中，由绿色的未成熟葡萄开始变色并且糖分积累的阶段。

葡萄酒的第一生世

　　种植可酿出优质葡萄酒的葡萄树，首先需要气候适宜的大地理环境，其次是适宜的土壤风物，再次是优良的葡萄种子和优秀的种植技术方法。怎样才能获得优良的种子呢？代代相传，保持家族庄园的传统，自然有好种子；不然只能去其他名庄购买。

　　有了种子，种植技术成为关键。埋种，浇灌，萌芽，养护（防虫防寒等），剪枝，直到成熟采摘都是辛苦耗体力的技术活。

从葡萄种子到葡萄树结果要几年时间，而成熟的葡萄树每年能结一到两次果，采摘之后第二年又会萌芽，果农需再剪枝，培养葡萄树幼芽，以便下一年的新果实成熟。老树结出来的葡萄质量会比较稳定成熟，适合酿酒，当然，太老的葡萄树如果生命力不旺盛，也会被拔掉种新树。当树上的新芽出现后，果农们会对树上的一些枝条进行修剪，以免养分分散或流失，这是基本过程。当天气太冷或有虫害，庄主们会雇用劳力制造暖和环境并人工除虫。

接下来的图片可以让我们直观了解这个过程。

剪枝、防冻、观察成分

剪枝

引自《酒业风云》

——葡萄树枝叶长得太茂盛就必须修剪，以保留丰富的养分给葡萄。

防冻

引自《葡萄酒商的运气》

——葡萄树的芽冻害发生以冬末早春为最多，这是由春季的骤然降温引起的。用布包住幼芽并在旁边生火可以防止芽冻害。

引自《云中漫步》

——熏烟防霜冻，一般可使气温提高1~3℃，能减少地面辐射热的散发，同时烟粒可吸收空气中的湿气。

观察葡萄成分

引自《美好的一年》

采摘（葡萄酒的第一生世收官）

当葡萄完全成熟以后，人们开始采收葡萄。采收的最佳时机是中午阳光强烈的时候，那样可以保证葡萄上没有露水且保持葡萄完好的成熟度和糖酸比例。如果采收季节遇到下雨，那将是葡萄的灾难，也是葡萄酒的灾难。因为每一滴雨水都可能在短时间内降低葡萄的糖分，从而降低葡萄的质量。采收时我们注意到，果农们尽量小心翼翼而不使葡萄果粒破损，破损的葡萄会很快腐烂进而影响酒的风味。成熟的葡萄采收后，要尽快送到加工地点，进行破碎加工，尽量保证破碎葡萄的新鲜度。为此，有的把葡萄酒厂建在葡萄园里；有的把葡萄破碎机安在葡萄园里，这样可以保证即时加工采收的葡萄。

引自《杯酒人生》

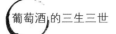

——采摘葡萄最好的时间是中午阳光足的时候，这样可以保证葡萄没有露水而保持葡萄完好的成熟度和糖酸比例

采摘机器　　　　　　　　　　　采摘机器

采摘的法国少年　　　　　　笔者与采摘的法国少年

Chapter 3

葡萄酒的第二生世

◆ 修炼的一生

◆ 挤压葡萄

◆ 去梗破皮

◆ 浸皮与发酵

◆ 榨汁与后发酵

◆ 橡木桶中的培养

◆ 储藏管理

◆ 澄清后装瓶

◆ 瓶中成年

◆ 葡萄酒的第二生世的总结

修炼的一生

葡萄采摘后，开始了葡萄酒的第二生世。成熟的葡萄经历了第一生的成长，被果农们小心翼翼摘下后，装在背后的箩筐，集中在庄园运送葡萄的卡车里，载往加工生产线，进行修炼的第一步。第一生的母株、土壤、水分、病虫害，决定了酿酒时葡萄的转化效果。

采摘下的葡萄，经过去梗、破皮挤压、大桶发酵，初酒形成，过滤澄清，再转化为原酒，装入橡木桶中贮存（新世界的葡萄酒及餐酒基本上不在橡木桶中窖藏），经过六个月或十二至十八个月的时间，在此期间经酿酒师精心调制，最后成熟装瓶。这是葡萄酒的第二生世，也是修炼的一生。

我们同样用图片来给读者们直观展现。

挤压葡萄——古老的踩葡萄活动

——在采摘葡萄的季节里，举行踩葡萄的活动，以庆祝丰收和酿酒的开始。这就给葡萄的诞生从一开始就注入了浪漫和快乐的元素。

《云中漫步》

酿造

[在采摘葡萄的季节里，举行踩葡萄活动，以庆祝丰收和酿酒的开始。这就给葡萄酒的诞生从一开始就注入了浪漫和快乐的元素。]

《云中漫步》

酿造

[在采摘葡萄的季节里，举行踩葡萄活动，以庆祝丰收和酿酒的开始。这就给葡萄酒的诞生从一开始就注入了浪漫和快乐的元素。]

引自《云中漫步》

下图为酿造葡萄酒的流程图。

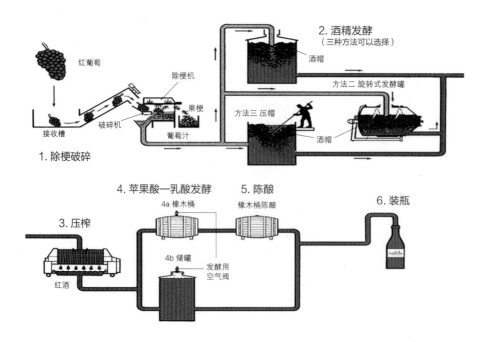

去梗破皮

红葡萄酒的颜色和口味结构主
要来自葡萄皮中的红色素和单宁等，
所以必须先使葡萄果粒破裂而释放
出果汁，让葡萄汁液能和皮接触，
以释放出多酚类的物质。葡萄梗的
单宁较强劲，通常会除去，有些酒
厂为了加强单宁的强度会留下一部
分的葡萄梗。

浸皮与发酵

完成破皮去梗后，葡萄汁和皮会一起放入酒槽中，一边发酵一边浸皮。传统多使用无封口的橡木酒槽，现多使用自动控温不锈钢酒槽，较高的温度会加深酒的颜色，但过高 (超过 32℃) 却会杀死酵母并丧失葡萄酒的新鲜果香，所以温度的控制必须适度。这个过程要经过 5~7 天，其间要不断地搅拌，使葡萄汁与葡萄皮尽可能完全地融合，浸皮的时间越长，释入酒中的酚

类物质、香味物质、矿物质等越浓。当发酵完，浸皮达到要求的程度后，即可把酒槽中的液体导引到其他酒槽，此部分的葡萄酒称为初酒。

榨汁与后发酵

主发酵完成后，立即进行皮渣分离，把自流汁合并到干净的容器里，满罐存贮。由于主发酵生产的葡萄原酒中的酵母菌还将继续进行酒精发

酵，使其残糖进一步降低，这个时候的原酒中残留有口味比较尖酸的苹果酸，必须进行后发酵过程，也叫苹果酸—乳酸发酵过程。该过程须保持在20～25℃的温度条件下，经过30天左右才能完成，除去葡萄酒中所有的微生物。此时才能得到名副其实的红葡萄酒。

槽中挤压

橡木桶中的培养

每一种葡萄酒，发酵刚结束时，口味都比较酸涩、生硬，为新酒。为了使新酒经过贮藏陈酿，逐渐成熟，口味变得柔顺、舒缓，达到最佳饮用质量，几乎所有高品质的红酒都经橡木桶的培养。根据酿酒葡萄的品种不同，特别是市场消费者对红葡萄酒产品的要求不同，决定红葡萄酒贮藏陈酿的时间长短。

不锈钢桶发酵

木桶窖藏

引自《杯酒人生》

引自《葡萄酒商的运气》

储藏管理

　　在各种容器中沉睡的葡萄酒仍然在成长，要发生一系列的化学反应和物理反应，使葡萄酒逐渐成熟。为了提高稳定性、使酒成熟、换桶、短暂透气等都是不可少的程序。这个过程是酿酒师最为得意的，他要随时品尝每个容器中的葡萄酒的变化，掌握它的口感和成熟度，这就是我们所说的红葡萄酒的培养和后期管理。

澄清后装瓶

刚装瓶的葡萄酒，或刚出厂的葡萄酒，应该是澄清、晶亮、有光泽的。瓶装葡萄酒随着装瓶时间的延长，特别是瓶装红葡萄酒，装瓶2~3年以后，普遍会出现浑浊或沉淀现象，不过这种沉淀的红葡萄酒，不影响饮用质量。多年装瓶的红葡萄酒，沉淀现象是不可避免的。

葡萄酒的澄清分自然澄清和人工澄清两种方法。

自然澄清就是酒中的悬浮微粒自然沉淀后分离，但是这种手段是达不到商品葡萄酒装瓶要求的，必须采用人为添加蛋白质类物质来吸附悬浮微粒的澄清手段，以加速澄清过程和增加澄清度。同时，还需要将葡萄酒在装瓶前加热杀菌或者冷冻处理，或采用无菌过滤的方法，将葡萄酒中的细菌或酵母菌统统除去，从而提高葡萄酒的化学稳定性。

最后的工序都结束之后，我们就可以装瓶了。

瓶中成年

　　装瓶后，美酒已经完成了从葡萄到酒的蜕变。在瓶中，美酒与木塞还会继续通过空气运动，完成从青涩到成熟的蜕变，然后等待懂酒的您品尝美酒！大部分酒庄已卖期货酒，一装瓶就出售了，故只能由卖家自己保存，待其成年。

为什么在瓶中成年?

(有的酒庄把名酒放地下酒窖，成年以后再行出售)

- 单宁会变得柔软
- 酸度会变得柔和
- 口味复杂度增加
- 各种成分更好地结合
- 第二层次风格的形成

葡萄酒的第二生世的总结

如果说第一生世是十月怀胎，那么第二生世就是出生后的培养了。刚刚摘下的葡萄就似小婴儿，要小心呵护，从葡萄田送至庄园；破皮挤压乃是幼儿园阶段；发酵中至形成初酒，类似从小学至中学毕业；过滤澄清转化为原酒，入橡木桶就似进入大学；更高层次学位，从学士到硕士到博士，恰似葡萄酒在桶中窖藏之年份的不同。好的橡木桶似好大学，优秀的酿酒师似优秀的大学老师！

可以用一句话说：酿酒如育人！

Chapter 4

葡萄酒的第三生世

◆ 杯酒人生

◆ 葡萄酒的功能

◆ 葡萄酒礼仪及文化知识

◆ 名庄酒的文化及介绍

◆ 拉菲的世界

杯酒人生

葡萄经历了前二生世的华丽转化，来到了第三生世，准备这一生世的涅槃，终于要呈现出最璀璨的那一刹那。在我们把葡萄美酒化为精华能量含入口中之前，先了解葡萄酒相关礼仪及知识，读懂它第三生世演绎出的美丽浪漫故事，更好地了解这有灵魂的精灵之酒！

葡萄酒这一生最悠长，它可能旅行于世界各地，成为不同人种的心头之好，在它最成熟美丽的那一刻（也即到了贮存最佳年份）面世，开启它的第三生；也有可能不幸遇到性急牛饮之客，在青涩期（尚未成熟）开启，匆匆结束这第一生；而新世界的葡萄酒，也可能在过了青春期才喝，错过了最美的时光（新世界酿出的葡萄酒适合新鲜期品尝，一般不适合久存）。所以，葡萄酒在不同时期的表现犹如人生不同阶段，新旧世界葡萄酒定义也各有不同。葡萄酒如果过了高峰期，酒质死沉，如人到老年，身体骨骼都快散架；但如未到成熟期，提前品尝，没有酒的韵味，就像小孩子般青涩幼稚。恰到好处，在酒之高峰期（新世界酒年限不超十年，旧世界酒 AOC 级以上不超十五年，名庄酒不超三十年并保存较好者）饮用，让人感觉到满口香溢，层次丰富，绕舌生津，神清气爽……

酒装瓶后犹如人进入社会，摸爬滚打。酒装瓶中留在庄园还是马上销售，决定了葡萄酒最后的品质。留在庄园，如留校，庄主自享或成镇庄之宝；销售给好的买家，会将酒贮存好，视为掌上明珠，似大学生毕业后遇见伯乐，成长快；如遇不懂酒的顾客，随便放在汽车后厢或杂物间、阳台等不适合的地方，亦如人生不得志，一辈子颠沛流离，郁郁不得志。

有的酒一出庄园即落入不珍惜之顾客手里，很快就失去灵魂，即使以后再见伯乐，但因已经落下暗病，也难回巅峰了（通俗说法：酒放坏了）。

懂酒之人，会把葡萄酒当成情人，精心呵护：出行时让它躺在车厢里，享受空调，防晒抗寒；在家里时，它的小窝（恒温柜）永保阴凉湿润，如无恒温柜，至少把它存放在阴凉安静之处，让它能有个好睡眠……

所以，葡萄酒娇嫩的第三世，更似人生——遇伯乐，前途大好；遇人不淑，就惨淡一生。人还可以浪子回头，东山再起，酒却没有机会！

杯酒人生！在此形容很贴切。

葡萄酒的功能

葡萄酒为人类带来健康与愉悦。葡萄酒的第三生世，乃是与人类的身体健康密切相关的一生。

酒首先展示的是它的社会功能：应酬交际、宴请会客。

酒是人类生活中不可缺少的饮品，特定环境中非有它不可。古人曰："无酒不成席。"红白喜事、接风送行、迎宾待客、逢年过节、亲人团聚、祝寿……都离不开酒。不同民族不同风俗，酒文化内涵都不一样。

不论白酒、黄酒、红酒，还是清酒，在生活中，我们都要科学地饮酒。任何事物都会物极必反，适量饮酒有利于身体健康。它既可以使人精神兴奋，心情舒畅，又可以延年益寿；相反，过量饮酒百害无一利。

葡萄酒的社会功能这里就不多描述，大家都很清楚。下面介绍葡萄酒的生物功能，即它的功效。首先了解适量饮用葡萄酒的好处。

饮葡萄酒对人体健康的十大好处

1. 葡萄酒是碱性的酒精性饮品，它可中和我们每天吃下的大鱼大肉和米麦类酸性食物。

2. 葡萄酒含有丰富的维生素及矿物质，可以补血、降低血液中的胆固醇，尤其是所含的矿物质钾和钠，能预防心脏病和高血压。因为红葡萄酒能使血液中的高密度脂肪蛋白（HDL）升高，而 HDL 的作用是将胆固醇从肝外组织转运到肝脏进行代谢，从而降低血胆固醇，防治动脉粥样硬化。

3. 葡萄酒可以抑制低密度脂蛋白（LDL）氧化，促进血液循环，预防冠心病。

4. 葡萄酒中含有抗氧化成分。其中酚化物，鞣酸，黄酮类物质，维生素 C 和 E，微量元素硒、锌、锰等，能消除或对抗氧自由基，预防动脉硬化和癌症，预防老年痴呆症、高血压和感冒。

5. 葡萄酒中含有丰富的单宁酸，可减少辐射伤害。酒中的多酚物质，还能抑制血小板的凝集，防止血栓形成。

6. 饮用葡萄酒可养气活血，并且能使菜肴中的油脂减少，提高胃的消化能力。

7. 葡萄皮中含有的白藜芦醇，抗癌性能在数百种人类常食的植物中最好。可以防止正常细胞癌变，并能抑制癌细胞的扩散。在各种葡萄酒中，红葡萄酒中的白藜芦醇含量最高。因为白藜芦醇可使癌细胞丧失活动能力，所以红葡萄酒是预防癌症的佳品。

8. 每天饮 2~3 杯葡萄酒可大幅度降低心血管病变的发生率。

9. 葡萄酒含有丰富的镁、钙、铁等矿物质和维生素，有美容功能。因酒中含有的大量超强抗氧化剂 SOD 能中和身体所产生的自由基，保护细胞和器官免受氧化，可使皮肤恢复美白，具有光泽。

10. 饮用适量葡萄酒能刺激大脑神经，使人心情舒畅，活跃思维。

带给人类健康的葡萄酒的三大元素

·白藜芦醇　　　　·单宁　　　　·弱碱性

葡萄酒礼仪及文化知识

葡萄酒饮用的基本次序

香槟和白葡萄酒饭前作开胃酒喝，红葡萄酒佐餐时喝，干邑在饭后配甜点喝。

白葡萄酒先喝，红葡萄酒后喝。

清淡的葡萄酒先喝，口味重的葡萄酒后喝。

年轻的葡萄酒先喝，陈年的葡萄酒后喝。

不甜的葡萄酒先喝，甜味葡萄酒后喝。

糖分			酒精度
低	餐前酒	干雪莉酒、香槟酒、干白葡萄酒	低
↓	餐 酒	红、白、玫瑰葡萄酒	↓
	甜 酒	贵腐酒、冰酒、波特酒	
高	餐后酒	利口酒、果渣酒	高

侍酒礼仪知识

· 站在点酒客人的右面，向他展示葡萄酒的瓶身和酒标

· 不要握酒瓶的瓶颈

· 不要摇晃酒瓶，拿放轻柔

· 红葡萄酒可以在室温品尝

· 白葡萄酒、玫瑰葡萄酒、汽泡酒饮用前都必须冷藏，余下的葡萄酒要连瓶放入冰桶保温

· 当着客人的面开启葡萄酒，不要隐藏葡萄酒标，不要背对客人

· 用酒刀割开瓶封，不要刺穿软木塞

· 拔出瓶塞底部时稍微弯曲一点，避免弄出噪音

· 不要把铝膜遗留在桌上

· 请点酒的那位客人先试酒

· 倒大约一汤匙的葡萄酒给指定的客人

· 点酒客人首肯后才为其他客人侍酒

· 站在客人右边，女士优先，由主人开始顺时针方向，接下来再是男士，同样顺时针方向

· 最后才将主人的酒杯加满

· 侍酒完毕后稍微扭转一下酒瓶

倒　酒

· 一瓶酒通常倒18~20杯

· 每杯酒不超过酒杯的一半

· 葡萄酒杯的杯口应该收小，以便酒香能在杯中聚集

· 杯肚应该大一点，可以让酒在杯中作充分的晃动

· 杯子必须有一个杯脚，这样手的温度不会加热杯中的酒

· 酒杯应该清晰透明，可以很好地观察酒的颜色

·葡萄酒与餐食搭配的基本原则

红葡萄酒配红肉类食物，包括中餐中加酱油的食物

白葡萄酒配海鲜及白肉类食物

·葡萄酒与食物搭配的基本原则

食物与葡萄酒的香气、强度相平衡：香气浓郁、单宁强的应搭配较咸或香辣的食物，香气淡及单宁弱的葡

萄酒，应搭清淡做法的食物，强弱
对等，才能更好衬托出食物烹调原
味以及葡萄酒的韵味。

食物重量，口味丰富程度与酒
体：如牛羊肉这种重量大的食物，
或者口味较多变的食物，则需配中
重度酒体或多层次风味的葡萄酒。

酸味食物：可配搭单宁较强的红葡萄酒或白葡萄酒（白葡萄酒一般偏酸）。

甜味食物：绝配是甜白酒、贵腐酒、冰酒及晚收的白葡萄酒，一般不
建议配红葡萄酒。

油腻／咸的食物：配备单宁强及酒体浓重的红葡萄酒，不建议配白葡萄酒。

奶酪：奶酪，即芝士，可搭配任何种类的葡萄酒，奶酪的味道有一千
多种，如不懂客人喜好，一般选择原味。但名贵葡萄酒不建议配奶酪，因
奶酪味道太重怕影响真正酒的原味道。

解读酒标

能看懂酒标才能更好地选酒及品酒，了解以下这些酒标上的意思意义
重大：

1. 酒庄名　　　2. 年份

3. 酒精含量　　4. 净含量

5. 酒名

怎样看酒标

这是一款原装进口的酒，从它的正背标里能看出什么信息呢？我们下面做详细介绍。

外文正标含信息为：葡萄酒名称或庄园名字或 LOGO、葡萄采摘年份、原产国或地区、等级等。

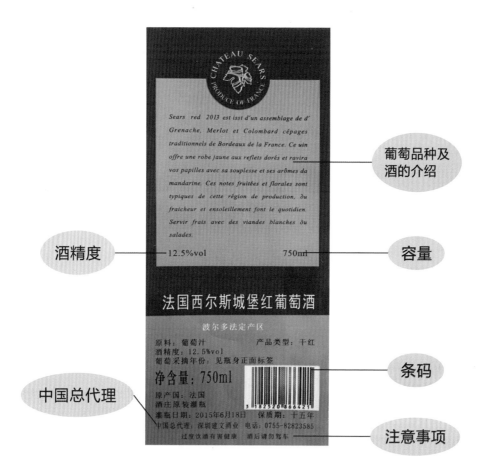

正规进口红酒必须有中文背标，且原料、产品类型、酒精度、葡萄采摘年份、净含量、原产国、灌瓶日期、保质期、条码及中国代理商等等相关信息必须要注明，譬如上图为酒的中文背标，中文酒名是：法国西尔斯城堡红葡萄酒，原产国为法国波尔多，中国总代理商是深圳建文酒业，灌瓶日期为2015年6月18日。

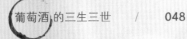

购买葡萄酒

要真正体验到葡萄酒带来的愉悦及健康，购买酒的渠道很重要，所以要选择：

1. 专业经销商或批发商

2. 大超级市场（国际连锁）

3. 网上购买（信誉好的）

4. 期货

5. 参加拍卖

参考因素： 优惠

亲自品尝或行家建议

储存条件

商品来源

是否有缺陷

葡萄酒的保存

购买酒之后，良好的储藏环境也很重要。

陈年的葡萄酒（名庄等高价酒）尤其需要好的储存环境，如恒温酒柜或酒窖。

· 温度：7~18℃皆可，12~13℃最理想

· 湿度：阴凉略湿，湿度60% 左右

一般的餐酒，也很好储藏，只需注意三避：

避光：阴暗

避震：安静

避温差变化大

主要葡萄品种及类别

· 了解酿酒的葡萄品种，能使你更好地体验葡萄酒的美好之处，是品酒、学习香气特性的基础。不同的葡萄品种，是影响葡萄酒品尝的主要因素

· 世界上目前已知的葡萄品种有8000种

· 世界上大约有1000种葡萄被制成葡萄酒

· 意大利大约使用200种葡萄

· 法国大约使用100种葡萄

· 西班牙大约使用50种葡萄

· 酿酒葡萄与日常食用葡萄不同

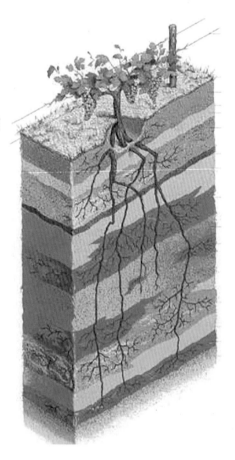

常见的红葡萄品种及所带的香气特征

CABERNET SAUVIGONO "赤霞珠"
主要味道特性：青椒及黑醋栗；橡木，香草，咖啡香气

MERLOT "梅洛"
主要味道特性：青椒及黑醋栗；巧克力香料味

SHIRAZ "设拉子"
主要味道特性：烟熏，黑莓；胡椒，薄荷，干枣味道

PINOTNOIR "黑皮诺"
主要味道特性：草莓及红莓子；可乐，香料气息

SANGIOVESE "桑娇维斯"
主要味道特性：樱桃，李子；香草味

ZINFANDEL "仙粉黛"
主要味道特性：樱桃，红莓，香料；草莓味

TEMPRANILLO "泰普尼诺"
主要味道特性：草莓，香草；甘草，烟叶味

GAMAY "佳美"
主要味道特性：香蕉，薄荷；樱桃，草莓气息

常见的白葡萄品种及所带的香气特征

CHARDONNAY "莎当妮"

主要味道特性：西柚，菠萝；牛油，果仁味道

SAUVIGNON BLANC "白苏维翁"

主要味道特性：热情果，青草；烟熏，柠檬，西柚味道

CEWURZTRAMINER "琼瑶浆"

主要味道特性：荔枝，水蜜桃；香料，玉桂

PINOTGRIS "灰皮诺"

主要味道特性：香料，香薰味道

VIOGNIER "维优尼"

主要味道特性：水蜜桃，香料；茉莉花，杏子

SENILLON "赛美容"

主要味道特性：青柠，蜜糖；橙皮果酱，苹果味道

另类葡萄酒

1. 冰葡萄酒（以加拿大、德国、奥地利为主）

2. 高度葡萄酒（波特酒、雪莉酒）

3. 汽酒（起泡酒及香槟）

香　槟

香槟地区位于巴黎东北方向，是法国位置最北的葡萄园，第一个法定产区。

香槟区外的汽酒只能称为起泡酒。

黑皮诺、莫尼耶皮诺、莎当妮常用酿制香槟的三种葡萄酿造，都采用二次发酵方式。

香槟可分为：白香槟、粉红香槟；干香槟、甜香槟

优质香槟品质特征：气泡细腻，清晰度好

葡萄酒类别

起泡酒
- 香槟酒、克雷芒
- 加瓦
- 其他起泡酒

普通葡萄酒
- 红葡萄酒
- 白葡萄酒
- 玫瑰红葡萄酒

加强葡萄酒
- 波特酒、雪莉酒

白葡萄酒是白葡萄酿的吗？

· 红葡萄酒是由红 / 黑色的葡萄连皮和籽一起发酵的
· 白葡萄酒是由红色或白色的葡萄酿成的，通常不带皮和籽
· 香槟通常是由两种红葡萄和一种白葡萄酿成的

影响葡萄酒质量的因素

（1）气候

　　南北纬30~50度最合适葡萄生长，包括三种气候：

　　·海洋性气候

　　·大陆性气候

　　·地中海气候

（2）影响葡萄生长的灾害

　　洪涝、干旱、霜冻、冰雹、病虫害

（3）风土条件好坏也决定了葡萄的收成

　　土壤：矿物质、酸碱度、排水性

　　朝向和坡度

　　日照和水分

　　成熟期平均气温：15~21℃

　　风可以为太热的葡萄园降温，可以吹干潮湿的葡萄园

用橡木还是不用橡木，对葡萄酒质量有影响

大多数葡萄酒在橡木桶中成熟。橡木主要有两种：法国橡木、美国橡木。橡木桶的容量从225升到3000升不等，葡萄酒在橡木桶中成年耗时三个月到十年。

·橡木塞——旧世界酒常用
·旋盖——新世界酒常用
·塑料木塞——廉价酒多用

木塞分不同等级，好木塞更利于酒成年。

名庄酒的文化及介绍

　　葡萄酒并不都是一样的,99% 的葡萄酒没有成年价值,即大多数葡萄酒都是餐酒，建议尽早饮用。

　　可成年的，即可以长期保存并升值的葡萄酒都是出自名产区：

1. 法国波尔多地区的列级酒庄所产的葡萄酒

2. 法国勃艮第地区的列级酒庄所产的葡萄酒

3. 有年份的香槟酒

4. 葡萄牙的波特酒，西班牙的雪莉酒

5. 上好的意大利 DOCG 级别酒

6. 上好的澳大利亚酒（奔富707以上）

7. 上好的西班牙里奥哈高级别酒

8. 上好的美国纳帕谷红葡萄酒

年份决定一切

　　只有好的年份才有成年价值。例如：波尔多 (1990, 2000, 2008, 2009)

世界百大葡萄酒

罗曼尼·康帝
La Romanee-Conti

塔希
La Tache

罗曼尼
La Romanee

李奇堡
Ricnebourg

圣维望之罗曼尼
La Romanee
Saint-Vivant

大依瑟索
Grands Echezeaux

依瑟索
Echezeaux

大衔
La Grande Rue

伏旧园
Clos de Vougeot

木西尼
Musigny

香泊·木西尼
（爱侣园）
Les Amoureuses

柏内·玛尔
Bonnes-Mares

圣丹尼园
Clos Saint-Denis

大德园
Clos de Tart

德·拉·荷西园
Clos de la Roche

香柏坛（贝日园）
Chambertin
Clos de Beze

格厚斯·香柏坛
Griotte-Chambertin

蔻东·飞复来
蔻东园 Clos des
Cortons Faiveley

佛内公爵园
Volany Clos
des Ducs

彼得绿堡
Chateau Petrus

拉弗花堡
Chateau Lafleur

乐邦
Le Pin

老色丹堡
Vieux
Chateau Certan

德麦·色丹堡
Chateau Certan
de May

拓塔诺瓦堡
Chateau Trotanoy

康色扬堡
Chateau La
Conseillante

乐王吉堡
Chateau L，Evangile

克里耐堡
Chateau Clinet

木桐·罗吉德堡
Chateau Mouton
Rothschild

拉菲堡
Chateau Lafite
-Rothschild

拉图堡
Chateau Latour

皮琼·伯爵夫人堡
Chateau Pichon
-Longurville,
Comtesse De Lalande

皮琼·男爵堡
Chateau Pichon
-Longurville Baron

杜可绿·柏开优堡
Chateau Ducru
-Beaucaillou

李欧维
·拉斯卡斯堡
Chateau Leoville
-Las-Cases

柯斯·德图耐拉堡
Chateau Cos
d，Estournel

孟特罗堡
Chateau Montrose

玛歌堡
Chateau Margaux

帕玛堡
Chateau Palmer

欧颂堡
Chateau Ausone

白马堡
Chateau
Cheval-Blanc

瓦伦德罗堡
Chateau de
Valandraud

欧布里昂堡
Chateau Haut-brion

杜克
La Turque

贺米达己小教堂
Hermitage La
Chapelle

拉雅堡
Chateau Rayas

钻石溪酒园
Diamond Creek
Vineyards

开木斯园
Caymus Vineyards
Special Selection

鹿跃酒窖
Stag，s Leap Wine
Cellars, Cask23

啸鹰园
Screaming Eagle

哈兰园
Harlan Estate

谢佛园
鹿跃山区精选
Shafer,stag＇s Leap
District Hillside Select

葛利斯家族
Grace Family
Vineyards

飞普斯园
Joseph Phelps
Vineyards,Insignia

蒙大维酒园
Robert Mondavi
Napy Valley

第一号作品
Opus One

多明纳斯园
Dominus

赫兹酒窖
Heitz Cellar
Martha＇s Vineyard

利吉园
Ridge,Monte Bello
Cabernet Sauvignon

歌雅
（提丁之南园）
Gaja,Sori Tildin

杰乐托
（罗西峰顶）
Ceretto,Bricco Roche

贝昂特·山地
Biondi Sandi
Riserva

萨西开亚
SASSICAIA

安提诺里 索拉亚
Antinori,Solaia

欧纳拉亚
Ornellaia

维加西西里亚
（独一珍藏）
Vega Sicilia,Unico

费南德兹
Alejandro
Fernandez,Janus

平古斯
Dominio de
Pingus

帕拉西欧斯
Alvaro Palacios,
L·Ermita

彭福（农庄酒）
Penfolds,Grange

汉谢克园
Henschke,Hill
of Grace

克勒雷登山
星光园
Clarendon Hills,
Astralis

伊贡·米勒园
Egon Muller
Scharzhofberg,TBA

塔尼史园
柏恩卡斯特
Thanisch Bernkasteler
Doctor,TBA

普绿园
Joh,Jos.
Prum,TBA

约翰山堡 冰酒
Schloss Johannisberg
Eiswein

罗伯特·威尔园
Robert Will,
Kiedricher
Grafenberg,TBA

勋彭堡
Schloss Schonborn.
Lage Pfaffenberg,
TBA

巴塞曼·乔登博士园
Weingut Dr.von
Bassermann-Jordan,TBA

狄康堡
Chateau
d＇Yquem

绪帝罗堡
Chateau Suduiraut

克里门斯堡
Chateau Climens

葡萄酒溪园
Domaine Weinbach,
Quintessence

忽格父子园
Hugel et Fils,
Selection de
Grains Nobles

红伯利希特园
Humbrecht,Clos
Saint Urbain

阿素·艾森西雅
Aszu Essencia

梦拉谢
Le Montrachet

巴塔·梦拉谢
Batard-Montracher

骑士·梦拉谢
Chevalier-
Montrachet,Les
Demoniselles

寇东·查理曼
Corton-Charlemagne

顶级莎布里
Chablis Grand Cru,
Les Blanchots

骑士园
Domaine-de
Chevalier

葛莉叶堡
Chateau Grillet

唐·培里侬
Dom Perignon,
Cuvee Dom Perignon

克鲁格
Krug,Clos
du Mesnil

沙龙
Salon

伯兰洁
Bollinger,
Vieilles Vignes

侯德乐 水晶香槟
Roederer,Cristal
de Roederer

泰亭杰·香槟伯爵
Taitinger,Comtes
de Champagne

诺瓦园
Quinta do Noval,
Nacional

世界百大葡萄酒

THE TOP 100 WINES OF
THE WORLD

世界一百支最出名的酒，按第一张图，自左到右、
自上到下排列，对号入座，分别为：

1. 罗曼尼·康帝 La Romanee-Conti

2. 塔希 La Tache

3. 罗曼尼 La Romanee

4. 李奇堡 Richebourg

5. 圣维望之罗曼尼 La Romanee Saint-Vivant

6. 大依瑟索 Grands Echezeaux

7. 依瑟索 Echezeaux

8. 大街 La Grande Rue

9. 伏旧园 Clos de Vougeot

10. 木西尼 Musigny

11. 香泊·木西尼（爱侣园）Les Amoureuses

12. 柏内·玛尔 Bonnes-Mares

13. 圣丹尼园 Clos de Tart

14. 大德园 Clos de Tart

15. 德·拉·荷西园 Clos de la Roche

16. 香柏坛（贝日园）Chambertin Clos de Beze

17. 格厚斯·香柏坛 Griotte-Chambertin

18. 蔻东·飞复来（蔻东园）Clos des Cortons Faiveley

19. 佛内公爵园 Volnay Clos des Ducs

20. 彼德绿堡 Chateau Petrus

21. 拉弗花堡 Chateau Lafleur

22. 乐邦 Le Pin

23. 老色丹堡 Vieux Chateau Certan

24. 德麦·色丹堡 Chateau Certan de May

25. 拓塔诺瓦堡 Chateau Trotanoy

26. 康色扬堡 Chateau La Conseillante

27. 乐王吉堡 Chateau L'Evangile

28. 克里耐堡 Chateau Clinet

29. 木桐·罗吉德堡 Chateau Mouton Rothschild

30. 拉菲堡 Chateau Lafite-Rothschild

31. 拉图堡 Chateau Latour

32. 皮琼伯爵夫人堡 Chateau Pichom-Longueville,Comtesse de Lalande

33. 皮琼男爵堡 Chateau Pichom-Longueville Baron

34. 杜可绿·柏开优堡 Chateau Ducru-Beaucaillou

35. 李欧维·拉斯卡斯堡 Chateau Leoville-Las-Cases

36. 柯斯·德图耐拉堡 Chateau Cosd'Estournel

37. 孟特罗斯堡 Chateau Montrose

38. 玛歌堡 Chateau Margaux

39. 帕玛堡 Chateau Palmer

40. 欧颂堡 Chateau Ausone

41. 白马堡 Chateau Cheval-Blanc

42. 瓦伦德罗堡 Chateau de Valandraud

43. 欧布里昂堡 Chateau Haut-Brion

44. 杜克 La Turque

45. 贺米达己小教堂 Hermitage,La Chapelle

46. 拉雅堡 Chateau Rayas

47. 钻石溪酒园 Diamond Creek Vineyards

48. 开木斯园（特选酒）Caymus Vineyards,Special Selection

49. 鹿跃酒窖（23号桶）Stag's Leap Wine Cellars,Cask 23

50. 啸鹰园 Screaming Eagle

51. 哈兰园 Harlan Eagle

52. 谢佛园（鹿跃山区精选）Shafer,Stag's Leap District,Hillside Select

53. 葛利斯家族园 Grace Family Vineyards

54. 飞普斯园（徽章）Joseph Phelps Vineyards,Insignia

55. 蒙大维酒园（那帕谷赤霞珠精选酒）

　　Robert Mondavi,Napa Valley Cabernet Sauvignon Reserve

56. 第一号作品 Opus One

57. 多明纳斯园 Dominus

58. 赫兹酒窖（玛莎园）Heitz Cellar,Martha's Vineyard

59. 利吉园（蒙特贝罗园）Ridge,Monte Bello Caberner Sauvignon

60. 歌雅（提丁之南园）Gaja,Sori Tildin

61. 杰乐托（罗西峰顶）Ceretto,Bricco Roche

62. 贝昂特·山地（特藏酒）Biondi Santi,Riserva

63. 萨西开亚 Sassicaia

64. 安提诺里（索拉亚）Antinori, Solaia

65. 欧纳拉亚 Ornellaia

66. 维加·西西里亚园（独一珍藏）Vega Siclia,Unico

67. 费南德兹（耶鲁斯）Alejandro Fernandez,Janus

68. 平古斯 Dominio de Pingus

69. 帕拉西欧斯（拉米塔）Alvaro Palacios,L'Ermita

70. 彭福（农庄酒）Penfolds,Grange

71. 汉谢克园（恩宠山）Henschke,Hill of Grace

72. 克勒雷登山（星光园）Claredon Hills,Astralis

73. 伊贡・米勒园（枯萄精选）Egon Muller,Scharzhofberg,TBA

74. 塔尼史园.柏恩卡斯特（枯萄精选）

    Thanisch,Bernkasteler Doctor,TBA

75. 普绿园（枯萄精选）Joh.Jos.Prum,TBA

76. 约翰山堡（冰酒）Schloss Johannisberg,Eiswein

77. 罗伯特・威尔园（基德利伯爵山园区，枯萄精选）

    Robert Weil,Kiedricher Grafenberg,TBA

78. 勋彭堡（发芳山园，枯萄精选）

    Schloss Schonborn,Lage Pfaffenberg,TBA

79. 巴塞曼・乔登博士园（枯萄精选）

    WEINGUT Dr.von Bassermann-Jordan,TBA

80. 狄康堡 Chareau d'Yquem

81. 绪帝罗堡 Chateau Suduiraut

82. 克里门斯堡 Chateau Climens

83. 葡萄酒溪园（宝霉酒）Domaine Weinbach,Quintessence

84. 忽格父子园（宝霉酒）Hugel et fils,Selection de Grains Nobles

85. 红伯利希特园（圣乌班园区，宝霉酒）Humbrecht,Clos Saint Urbain

86. 阿素・艾森西雅（宝霉精华酒）Aszu Essencia

87. 梦拉谢 Le Montrachet

88. 巴塔・梦拉谢 Batard-Montrachet

89. 骑士·梦拉谢（小姐园）Chevalier-Montrachet,Les Demoiselles

90. 寇东·查里曼 Corton-Charlemagne

91. 顶级莎布里（布兰硕）Chablis Grand Cru,Les Blanchots

92. 骑士园 Domaine de Chevalier

93. 葛莉叶堡 Chateau Grillet

94. 唐·培里侬（精选）Dom Perignon,Cuvee Dom Perignon

95. 克鲁格（美尼尔园）Krug,Clos du Mesnil

96. 沙龙 Salon

97. 伯兰洁（法国老株）Bollinger,Vieilles Vignes

98. 侯德乐（水晶香槟）Roederer,Cristal de Roederer

99. 泰藤杰（香槟伯爵）Taittinger,Comtes de Champagne

100. 诺瓦园（国家园）Quinta do Noval,Nacional

　　世界百大葡萄酒，是从1989年到1991年在世界四大葡萄酒市场——巴黎、伦敦、纽约、布鲁塞尔——上市，平均售价最贵的葡萄酒中挑选出的100种。这种"以价定质"的挑选方式也是法国波尔多排行榜在1855年的老标准，当然，价格不能完全反映一瓶葡萄酒的品质，品质不逊于"百大"，但价格较低的美酒也有不少，一些小酒庄或"车房酒"本身产量就不高，没有进入四大市场，所以没有价格数据，但酒庄庄主几代相传，精耕细作，品质非常高，成为爱酒人士的心头之好。

　　"百大"包括了法国、意大利、西班牙、德国、葡萄牙这五个传统的旧世界王国生产的葡萄酒，还有在中国很少见的匈牙利托卡伊甜白酒，新世界里的美国第一名酒——第一号作品，澳洲的奔富等也入选。不过，这100种酒中，法国酒就占了65种，美国酒占了13种，其他国家才占了22种。当然，最贵的酒王之王是法国勃艮第的罗曼尼·康帝，最负盛名的是拉菲酒庄。

Château Mouton Rothschild

1945

1946 *1947* *1948* *1949* *1950* *1951* *1952* *1953* *1954*

1955 *1956* *1957* *1958* *1959* *1960* *1961* *1962* *1963*

1964 *1965* *1966* *1967* *1968* *1969* *1970* *1971* *1972*

1973 *1974* *1975* *1976* *1977* *1978* *1979* *1980* *1981*

1982 *1983* *1984* *1985* *1986* *1987* *1988* *1989* *1990*

1991 *1992* *1993* *1994* *1995* *1996* *1997* *1998* *1999*

2000 *2001* *2002* *2003* *2004* *2005* *2006* *2007* *2008*

Château
Mouton Rothschild

　　木桐是法国波尔多五大酒庄之一，每年都会让世界著名的不同画家来给酒标作画。1855年评级时只得了二级庄的第一名，庄主菲利普男爵自励：我未能成为第一，我不甘第二，我是木桐。1973年，木桐终于增列为一级庄，当年酒标正好是毕加索的酒神祭。木桐酒标鉴赏图从1945年到2008年共有64幅，最贵的就是1945年的"二战"胜利版，其次是1973年的酒神祭，1996年的中国画家的"心"版及2000年的金羊也都价值不菲。

　　木桐于1973年与美国加州纳帕谷和罗伯特蒙大维共创新酒厂，酿造出后来的美国第一名酒：第一号作品。木桐同时还推出了三军酒——木桐嘉棣，价格低廉。

法国波尔多十大名庄鉴赏图 TOP TEN BORDEAUX WINES

拉菲庄园　拉图庄园　玛高庄园　红颜容庄园　木桐庄园　柏翠庄园　奥松庄园　白马庄园　利鹏庄园　白翠花庄园

01

法国波尔多地区十大名庄评分表 RATING SCORE OF TEN BORDEAUX WINES

拉菲庄园 Château Lafite Rothschild, 1er Cru, Pauillac, Bordeaux		拉图庄园 Château Latour, 1er Cru, Pauillac, Bordeaux		玛高庄园 Château Margaux, 1er Cru, Margaux, Bordeaux		红颜容庄园 Château Haut Brion, 1er Cru,Pessac Leognan, 1er Cru, Pauillac, Bordeaux		木桐庄园 Château Mouton Rothschild, 1er Cru, Pauillac, Bordeaux		柏翠庄园 Château Petrus, Pomerol, Bordeaux		奥松庄园 Château Ausone, 1er Grand Cru Classe(A)		白马庄园 Château Cheval Blanc, 1er Grand Cru Classe(A)		利鹏庄园 Château Le Pin, Pomerol, Bordeaux		白翠花庄园 Château La Fleur Petrus, Pomerol, Bordeaux	
年份	评分	年份	评分	年份	评分	年份	评分	年份	评分	年份	评分	年份	评分	年份	评分	年份	评分	年份	评分

02

1855年波尔多列级酒庄 MÉDOC GRAND CRU CLASS EN 1855

波尔多及世界其他名庄葡萄酒

目前的评级都以品酒大师帕克先生的评分为主要依据，而且帕克的评分向来以中立不偏，所以评分的高低对名庄酒价的影响很大。

波尔多61名庄是1855年法国波尔多梅多克地区参加巴黎万国博览会而评出的从一级到五级共61支名酒，至今还是最负盛名（一级当时有4个，1973年增加了木桐庄而成为5个，二级14个，三级14个，四级10个，五级18个）。法国还有波尔多右岸圣爱米隆、波美侯、苏玳区及勃艮第区的分级制度，下面一一为大家介绍。

世界第一酒评师（帕克评分）

曾被《纽约时代》评为"世界最具有影响力的葡萄酒评论家"的罗伯特·帕克先生创建了简单明了的葡萄酒评分系统（100分制）。帕克先生作为世界头号评酒师首次受到葡萄酒业界广泛关注是他神奇般地预见1982年是法国波尔多葡萄酒史上难得一见的好年份。

作为一名职业律师，帕克先生是葡萄酒主流杂志《葡萄酒倡议者》的奠基人，也是《美食与美酒》的撰稿人，同时还是《商业周刊》的专栏作家。迄今为止，罗伯特·帕克先生已经出版了11本葡萄酒专业书籍。

罗伯特·帕克先生是史上唯一 一位被两位法国总统及一位意大利总统授予最高总统荣誉的葡萄酒作家兼评论家。

波尔多葡萄酒产区
Wine Regions Of Bordeaux

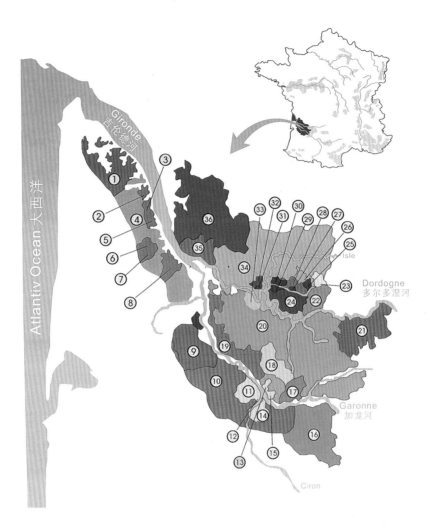

1. Medoc 梅多克
2. Saint-Estephe 圣爱斯泰夫
3. Pauillac 波亚克
4. Haut-Medoc 上梅多克
5. Saint-Julien 圣朱利安
6. Listrac-Medoc 丽兹塔克-梅多克
7. Moulis 慕丽丝
8. Margaux 玛歌
9. Pessac-Lleognan 佩萨克-雷奥良
10. Graves 格拉夫
11. Cerons 塞龙
12. Barsac 巴萨克
13. Loupiac 卢皮亚克
14. Sauternes 苏玳
15. Sainte-Croix-du-Mont 圣克瓦度蒙
16. Bordeaux Et Bordeaux Superieur 波尔多和超级波尔多
17. Cotes de Bordeaux Saint-macaire 波尔多丘-圣玛盖尔
18. Bordeaux Haut-Benauge Et Entre-Deux-Mers
    Haut-Benauge 上伯诺日和两海之间-上伯诺日

19. Premieres Cotes de Bordeaux 波尔多首丘
20. Entre-Deux-Mers 两海之间
21. Sainte-Foy-Bordeaux 圣福瓦-波尔多
22. Cotes de Castillon 卡斯蒂永丘
23. Cotes de Francs 弗郎斯丘
24. Saint-Emilion 圣爱美容
25. Puisseguin Saint-Emilion 普瑟冈-圣爱美容
26. Lussac Saint-Emilion 吕萨克-圣爱美容
27. Saint-Georges Saint-Emilion 圣乔治-圣爱美容
28. Mcntagne Saint-Emilion 蒙塔涅-圣爱美容
29. Pomerol 波美候
30. Lalance-de-Pomerol 拉朗德 • 波美候
31. Canon-Fronsac 卡龙-弗龙萨克
32. Fronsac 弗龙萨克
33. Graves-de-Vayres 韦雷-格拉夫
34. Bcrdeaux Et Bordeaux Superieur 波尔多和超级波尔多
35. Cotes de Bourg 布朗丘
36. Blaye Et Premieres Cotes de Blaye 布拉伊和布拉伊首丘

勃艮第葡萄酒产区
Wine Regions Of Burgundy

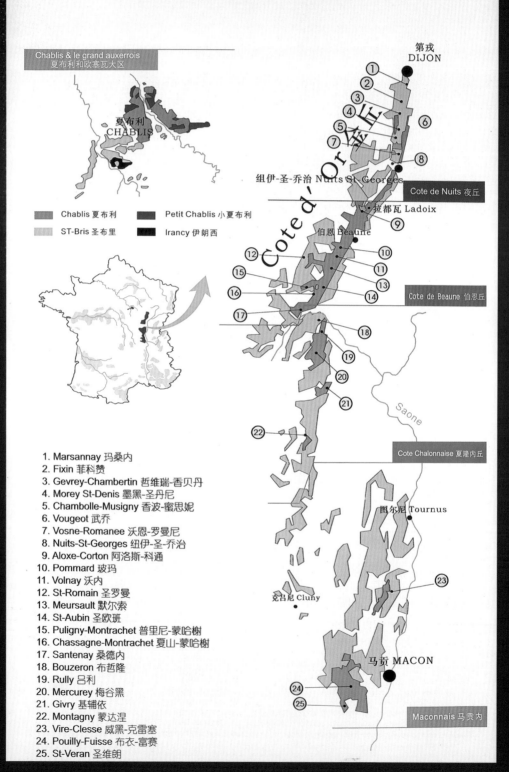

Chablis & le grand auxerrois
夏布利和欧塞瓦大区

夏布利
CHABLIS

Chablis 夏布利　　　Petit Chablis 小夏布利
ST-Bris 圣布里　　　Irancy 伊朗西

Cote d' Or 金丘

第戎 DIJON

组伊-圣-乔治 Nuits St-Georges

Cote de Nuits 夜丘

拉都瓦 Ladoix

伯恩 Beaune

Cote de Beaune 伯恩丘

Saone

Cote Chalonnaise 夏隆内丘

图尔尼 Tournus

克吕尼 Cluny

马贡 MACON

Maconnais 马贡内

1. Marsannay 玛桑内
2. Fixin 菲科赞
3. Gevrey-Chambertin 哲维瑞-香贝丹
4. Morey St-Denis 墨黑-圣丹尼
5. Chambolle-Musigny 香波-蜜思妮
6. Vougeot 武乔
7. Vosne-Romanee 沃恩-罗曼尼
8. Nuits-St-Georges 纽伊-圣-乔治
9. Aloxe-Corton 阿洛斯-科通
10. Pommard 玻玛
11. Volnay 沃内
12. St-Romain 圣罗曼
13. Meursault 默尔索
14. St-Aubin 圣欧班
15. Puligny-Montrachet 普里尼-蒙哈榭
16. Chassagne-Montrachet 夏山-蒙哈榭
17. Santenay 桑德内
18. Bouzeron 布哲隆
19. Rully 吕利
20. Mercurey 梅谷黑
21. Givry 基辅依
22. Montagny 蒙达涅
23. Vire-Clesse 威黑-克雷塞
24. Pouilly-Fuisse 布衣-富赛
25. St-Veran 圣维朗

隆河葡萄酒产区
Wine Regions Of Rhone

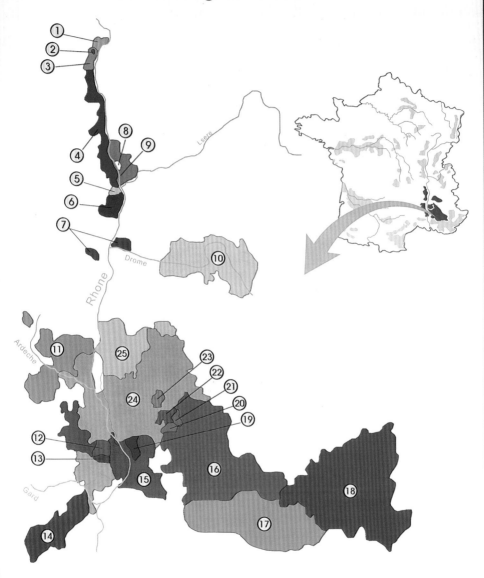

1. Cote Rotie 罗帝丘
2. Chateau Grillet 格里叶堡
3. Condrieu 康德吕
4. St-Joseph 圣乔瑟夫
5. Cornas 科纳斯
6. St-Peray 圣佩雷
7. Cotes du Rhone 隆河丘
8. Hermitage 艾米达基
9. Crozes Hermitaga 克罗兹-艾米达基
10. Clairette de Die 黛-克莱尔特
11. Cotes du Vivarais 维瓦莱丘
12. Lirac 利哈克
13. Tavel 达维

14. costieres de Nimes 尼姆丘
15. cotes du Rhone 隆河丘
16. cotes de Ventoux 望都丘
17. cotes du Luberon 吕贝隆丘
18. coteaux de Pierrevert 绿石丘
19. chateauneuf-du-Page 教皇新堡
20. vacqueyras 瓦克雅
21. beaumes-de-Venise 伯姆维尼斯
22. gigondas 吉贡达
23. rasteau 哈斯图
24. cotes du Rhone-Villages 隆河丘村庄
25. coteaux du Trivastin 特里加斯丹丘

其他酒庄分级

1855年 Sauternes（苏玳）及 Barsac（巴萨克区）酒庄评级

超特级（Prenier Cru Superieur）	二级（Secone Crus）
Chateau d'Yquem（Sauternes）	Chateau Broustet（Barsac）
一级（Premiers Crus）	Chateau Caillou（Barsac）
Chateau Climens（Barsac）	Chateau D'Arche（Barsac）
Chateau Clos Haut–Peyragucy(Bommes）	Chateau De Malle（Preignac）
Chateau Coutey（Barsac）	Chateau De Nairac（Barsac）
Chateau Suduirut（Preignac）	Chateau Doisy–Daene (Barsac)
Chateau Guiraud（Sauternes）	Chateau Doisy–Dubroca (Barsac)
Chateau la Tour Blanche（Bommes）	Chateau Doisy–Vedrines (Barsac)
Chateau Lafaurie–Peyraguey(Bommes）	Chateau Filhot (Sauternes)
Chateau Rabaud–Promis（Bommes）	ChateauLamothe–Despujols (Sauternes)
Chateau Rayne–Vigneau（Bommes）	Chateau Lamothe–Guignard (Sauternes)
Chateau Rieussec（Fargues de Langon）	Chateau Myrat (Barsac)
Chateau Sigalas–Rabaud（Bommes）	Chateau Romer(Fargues de Langon)
	Chateau Romer–Du–Hayot (Fargues de Langon)
	Chateau Suau(Barsac)

2006 年 Saint Emilion（圣爱米隆区）酒庄评级

一级 A（Premiers Grands Crus Classes）(Class A)	三级（Grands Crus Classes）
Chateau Ausone	Chateau Balestard–La–Tonnelle
Chateau Cheval–Blanc	Chateau Balestard–La–Tonnelle
一级 B(Premiers Grands Crus Classes)(Class B)	Chateau Bellefont–Belcier(2006 年升级)
Chateau Angelus	Chateau Berga
Chateau Beau–Sejour Becot	Chateau Berliquet
Chateau Beausejour(Duffau–Lagarrosse)	Chateau Cadet–Piola
Chateau Belair	Chateau Canon–la–Gaffeliere
Chateau Canon	Chateau Cap–de–Mourlin
Chateau Figeac	Chateau Chauvin
Clos Fourtet	Chateau La Clotte
Chateau La Gaffeliere	Chateau Corbin
Chateau Magdelaine	Chateau Corbin–Michotte
Chateau Pavie	Chateau La Couspaude
Chateau Pavie–Macquin	Couvent des Jacobins
Chateau Troplong–Mondot	Chateau Dassault
Chateau Trottevieille	Chateau Destieux（2006 年升级 ）
	Chateau La Dominique
	Chateau Fleur–Cardinale(2006 年升级)
	Chateau Fonplegade
	Chateau Fonroque

注：Chateau Angelus 和 Chateau Pavie 于 2012 年升级为一级 A 酒庄。

2006年 Saint Emilion（圣爱米隆区）酒庄评级

三级（Grands Crus Classes）	四级（Grands Crus）
Chateau Franc-Mayneg	L'OR du Chateau Armens
Chateau Grand-Corbin (2006 年升级)	Chateau Armens
Chateau Grand-Mayne	
Chateau Grand-Pontet	
Chateau Les Grandes-Murailles	
Chateau Haut-Corbin	
Chateau Hart Sarpe	
Clos des Jacbins （1997 年前称为 Chateau Clos des Jacbins ）	
Chateau Laniote	
Chateau Larcis-Ducasse	
Chateau Lamande	
Chateau Laroque	
Chateau Laroze	
Chateau Mattas	其他从略
Chateau Monbousquet（2006 年升级 ）	
Chateau Moulin-du-Cadet	
Chateau I'Oratoire	
Chateau Pavie-Decesse	
Chateau Le Prieure	
Chateau Ripeau	
Chateau St-Georges-Cote-Pavie	
Clos St-Martin	
Chateau La Sarre	
Chateau Soutard	

波美侯（Pomerol）名庄

Chateau Beauregard
Chateau Certan de May
Chateau Client
Chateau L' Egliee Clinet
Chateau L' Enclos
Chateau L' Evangile
Chateau La Conseillante
Chateau La Croix du Casse
Chateau La Fleur de Gay
Chateau La Grave A Pomerol
Chateau Lafieur
Chateau Latour A Pomerol
Chateau Le Bon Pasteur
Chateau Le Gay
Chateau Nenin
Chateau Petit Village
Chateau Trotanoy
Le Pin
Petrus
Vieux Chateau Certan

勃艮第罗曼尼・康帝酒庄
（Domaine de la Romanee-Conti）

Romanee-Conti
La Tache
Richebourg
Romanee-St-Vivant
Grands Echezeaux
Echezeaux
Montrachet

拉菲的世界

　　提起葡萄酒，国人的条件反射必然是法国、波尔多。稍微听得多一点的便会首先想到五大酒庄之首的拉菲。的确，论名气之最，绝对非拉菲莫属。而动辄数万元的拉菲更成为高贵与财富的身份象征。人们对拉菲这种身份象征的趋之若鹜，催生了国内各种假冒伪劣产品和"李鬼"之流的混淆视听产品，令广大消费者不胜困扰。如何避免买到假货，成为人们的关注焦点。下面总结几大方法帮助大家分辨真假拉菲：

认识拉菲

　　记住拉菲的法文是 LAFITE，其他的拼法都是"李鬼"。市面上见到许多近似的品牌如：拉菲世家、拉菲帝国、拉菲领域、拉菲王子、古堡拉菲庄园等等，这些拼法不同的肯定不是拉菲出品。至于诸如拉菲皇后、拉菲佳品、拉菲神话等，虽然与LAFITE拼法一样，但和拉菲集团没有任何关系，消费者一定要认清楚。拉菲集团旗下的确有众多品牌，消费者从纷繁复杂的名称中分辨不清真假。以下名称是真正的拉菲出品，除此以外的其他名称，请在购买前小心求证（注：由于进口商酒名翻译不同，造成背标上中文酒名与下表所列中文名称可能会有差异，应以酒标上的外文名称为准）：

拉菲正牌

拉菲副牌

法国拉菲旗下优质葡萄酒

法国酒庄

罗斯柴尔德拉菲堡
拉菲卡许阿德

乐王吉尔堡
乐王吉尔徽章

迪阿米隆堡
迪阿尔磨坊
米隆男爵

卡瑟天堂堡
卡瑟天堂红

岩石古堡（皮耶勒堡）

留赛克堡
留赛克卡莫
留赛克之 R
拉百合果园 / 科斯堡

奥斯叶酒庄
奥斯叶特爱丝
奥斯叶红
奥斯叶白

拉菲精选系列

拉菲罗氏传奇系列

拉菲罗氏传奇波尔多红

拉菲罗氏传奇波尔多白

拉菲罗氏传奇梅多克

拉菲罗氏传奇波亚克

拉菲罗氏家族传说系列

拉菲传说波尔多红

拉菲传说波尔多白

拉菲传说梅多克

拉菲传说波亚克

拉菲特藏系列

拉菲珍藏波尔多红

拉菲珍藏波尔多白

拉菲珍藏梅多克

拉菲珍藏波亚克

拉菲尚品红

拉菲尚品白

其他国家酒庄

智利巴斯克酒庄

巴斯克十世

巴斯克顶级特藏

巴斯克卡本妮苏维翁

巴斯克霞多丽

巴斯克苏维翁白

巴斯克玫瑰葡萄酒

巴斯克布里德

拉菲花园

阿根廷卡罗酒庄

卡罗

阿曼卡亚

从酒瓶外观辨别真伪

以上拉菲集团的各大酒庄，只有罗斯柴尔德拉菲堡的卖得最贵，最多人造假，所以这里主要介绍一下如何辨别真假罗斯柴尔德拉菲堡的酒：

（1）首先看酒标

认识酒标，是最简单直接的办法。直接对照酒标，劣质的酒标清晰度较差，甚至拼错字。当然仿真度较高的表面看不出差别，可尝试摸一下酒标，2000年后的酒标采取丝印技术，酒标有凹凸感。当然，看酒标只能辨别出低级的仿冒，还需要进一步看其他方面。

（2）看酒瓶

鉴于假酒猖獗，拉菲也在作出努力。1985年和1996年后，酒瓶上会有些特别的标记。1985年，为纪念哈雷彗星回归地球，酒瓶上刻有"1985"字样及哈雷彗星图案。1999年为纪念日全食，酒瓶上刻有"1999"及日全食图案。2000年是千禧年，酒瓶刻有"2000"字样在五支箭标志中间。2005年是个好年份，酒瓶上刻有"2005"字样，下面有个天平图案，天平两边是雨水和阳光，表示2005这个年份雨水和阳光非常平衡。2008年的酒瓶很特别，在2008字样下面，写了个中文"八"字，这是为了纪念拉菲酒庄在山东蓬莱建立合资葡萄园。其他1996年及以后的酒瓶上主要是刻有拉菲的五支箭标志。

（3）看封瓶盖及封瓶状况

如果不法分子收购真的拉菲瓶子再罐装假酒，那么酒标、酒瓶就很难分辨出来。看封瓶盖和封瓶状况也许可以看出一些端倪。封瓶盖是拉菲古堡的标志，封瓶颈印有酒庄的图案，可以仔细观察下面四幅图的细节之处有助您辨别，另外还可以通过查看印刷质量和封口状况是否良好来辨别真假。

罗斯柴尔德拉菲堡

在拉菲，时间仿若静止。在这块纪隆德河畔深深的覆满沙砾的土地里，葡萄永远生命旺盛，有些甚至已经迎送80年的风雨，它们只见过人手的劳作而未听过机器的喧嚣。每一小块土地上的葡萄树都已经成熟，每个葡萄品种都单独浸皮与发酵，产生出平衡的单宁，慢慢沉淀出渣滓。一周周，一月月，一年年，生长出杏仁、紫罗兰和蓝莓的芳香，还渗出一丝丝木材与香料的影迹，深红的色泽中散发出浓郁的酒香，迷惑着眼睛与味蕾。从路易十五封拉菲为"国王之酒"的时代至今，王者们来来往往已不见踪影，唯有伟大的拉菲随历史一起来到今天。一本名为《季节剧场》的杂志中曾如此描绘拉菲："拉菲独特的土壤使它卓然出众而成为世界唯一，大自然赋予的灵性令这块土地酿造出独一无二的美酒。进入罗斯柴尔德家族的近一百五十年以来，对卓越、激情与和谐的不变追求更是拉菲杰出品质的保证。"

酒庄历史——拉菲的出身与西格尔家族

在史料上对拉菲最早的记录可以追溯至公元1234年，位于波尔多波亚克村北部的维尔得耶修道院正是在今天的拉菲堡所在。雅克·德·西格尔侯爵是在拉菲建起葡萄园的第一人，时间约在17世纪70年代末至80年代初期。他的儿子亚历山大于1695年继承了庄园，并通过联姻取得了邻近另一所著名酒庄拉图的掌管权。这正是拉菲与拉图这两大波尔多酒庄所共同书写的历史最初篇章。

新法国红酒

18世纪初，拉菲堡的红酒就打入伦敦市场。1707年，官方的伦敦公报上出现了拉菲的名字，拉菲进入了伦敦的公开拍卖会。公报上将拉菲与一起参加拍卖的其他法国酒取名为"新法国红酒"，且特别标出了产地，不久后又加注了年份。此次成功如此辉煌，以至于英国首相罗伯特·沃波在1732—1733年间每三个月就要购买一桶拉菲。

国王的酒与葡萄王子

在马雷夏·德·黎世留首相的支持下，亚历山大·德·西格尔侯爵从路易十五处获得了"葡萄王子"的"钦封"，拉菲堡的酒也荣升为"国王之酒"。

托马斯·杰弗逊总统和拉菲

法国大革命前夕，拉菲已经攀上葡萄酒世界的顶峰。后来成为美国总统的托马斯·杰弗逊在自己拟订的梅多克地区葡萄酒分级表中，排行前四名的酒庄中就包括拉菲（恰是1855年分级制度中的前四家），他本人也成为波尔多顶级酒的忠实拥护者。1855年的分级制度流传至今。1855年，世界万国博览会在巴黎举行。当时的法国国王拿破仑三世命令波尔多商会将波尔多产区的葡萄酒进行等级评定，此分级制度作为官方的标准确立了拉菲的"顶级一等"地位。

詹姆斯·德·罗斯柴尔德男爵购得拉菲堡

1868年8月8日是罗斯柴尔德家族值得纪念的一天。这一天，詹姆斯·德·罗斯柴尔德男爵在拉菲前主人举行的公众拍卖会上购得此堡。

埃里男爵主持酒庄复兴

"二战"之后，在埃里男爵的主持下，拉菲堡一系列重建工作在葡萄园和酒窖展开，同时对管理人员彻底重组。埃里男爵还是1950年成立的葡萄酒酿造者协会的创始人之一。1960年代是拉菲堡真正的复苏成长时代，市场不断扩大，特别是美国市场的开拓；价格回升，拉菲堡与木桐堡之间的竞争更促使酒价扶摇直上。

埃里克男爵：酒庄的改革者

1973—1976年的波尔多危机过后，罗斯柴尔德拉菲堡由埃里男爵的侄子埃里克男爵主掌，1975年与1976年两个特佳年份巩固了酒庄的发展成果。1985年，为推动酒庄发展，埃里克男爵让拉菲堡与摄影家联起手来，使拉菲进入了著名摄影家们的取景框。男爵还通过购买法国其他地区酒庄和国外葡萄园而成功地扩大了拉菲堡的发展空间。1980年代的十年间好酒迭出，1982年、1985年、1986年与1990年皆是特佳年份，价格更是创下新纪录。

美丽的承诺

1990年代的拉菲堡前景更为光明。世纪在无声中完成交替，窖中陈放的美酒孕育着美好的承诺，1995、1996、1998、1999与2000年份的红酒是20世纪最后十年中的至美之作，将因时间洗练而放射出耀眼光芒。这一理智的乐观主义所依据的正是近150年以来罗斯柴尔德拉菲堡对杰出品质的不懈追求。

拉菲古堡酒

波亚克产区顶级一等

Chateau Lafite Rothschild,1er cru Classe,Pauillac

对这支顶级酒已经无须更多介绍，1815年亚拉伯罕·劳顿已经将其列为头牌佳酿。"我将拉菲置于榜首，是因在前三款（顶级酒）中，拉菲最为优雅与精致，它的酒液至为细腻。"1855年的分级制度确认了这一评价。至于拉菲的品质特征，无论是哪一个年份，都可引一位品酒行家的称赞作为评语："凡入口之拉菲，皆有杏仁与紫罗兰的芳醇。"

葡萄比例；赤霞珠80%~95％，梅洛5%~20％，品丽珠与小维多0&~3％（只有两个年份极为特殊：1994年份为99％的赤霞珠和1％小维多；1961年份全部为赤霞珠）。

橡木桶陈年：18到20个月，全部为新桶

平均年产量：1.5万箱至2万箱

拉菲珍宝

波亚克产区

Chateau de Lafite,Pauillac

20年来酿造拉菲酒的苛刻标准使副牌卡许阿德也具有了与正牌相近的品质。由于它含有的梅洛的比例比正牌要高，加之其产地卡许阿德台地的风土特征，使其具有独特的个性。酒的名字来自与拉菲堡所踞的小山丘接壤的卡许阿德台地，此处的几个地块于1845年被拉菲堡购入。19世纪时，卡许阿德的酒与拉菲分别销售，后来卡许阿德这一名字被用于标识拉菲堡的副牌酒。副牌酒最开始被称为"卡许阿德坊"，从
1980年代起更名为拉菲珍宝。

葡萄比例：赤霞珠50%~70%，梅洛30%~50%，
　　　　　品丽珠与小维多0%~5%。

橡木桶陈年：18个月，其中10%~15%为新桶

平均年产量：2万箱至3万箱

迪阿米隆堡

Chateau Duhart-Milon

迪阿米隆堡与拉菲堡比邻。从18世纪开始，在拉菲地方领主的推动下，波亚克村就遍布葡萄园。作为向领主交纳的一项税入，产自米隆山丘的葡萄酒进入拉菲堡的"二军酒"行列。早在1855年，后来成为波尔多市长的亚拉伯罕·劳顿就已经将产自米隆坡地上的芒达维—米隆葡萄园的酒列为波亚克村当时所有正在生产创制阶段的新酒中的第四名。

1830年到1840年之间，卡斯特加家族从芒达维后代的手中收购了酒庄之后，又买下一位迪阿先生的果园，他将这块领域命名为迪阿米隆葡萄园。1855年的葡萄酒分级制度认可了迪阿米隆的品质，将其列为波亚克村唯一一个顶级四等。卡斯特加家族掌管酒庄一直到20世纪初，迪阿米隆的50公顷的果园也是波亚克村最大的果园之一。但第一次世界大战时候，迪阿米隆开始不停地换继承者。直到1962年罗斯柴尔德家族购买下这片产业，重建工作成为当务之急。由于迪阿米隆堡与罗斯柴尔德拉菲堡葡萄园接壤，从1962年起，两处葡萄园就由同一支技术小组监理，总负责人为拉菲产业技术总监夏尔·瓦里耶。

今天，成熟的葡萄植株与全部翻新的酒窖使40年间为提高质量而坚持不懈的努力得到回报，迪阿米隆堡重回往日顶级四等行列，正在窖中陈年的酒可证明其今日的名声不减当初。特佳年份为1986年、1990年、1995年、1996年与2000年。

这一支酒常被认为是波亚克最具代表性的作品，其品质高雅而内向，著名的葡萄酒经纪人亚伯拉罕·劳顿在1855年对迪阿米隆堡酒的评价："口感紧密扎实，颜色美丽，有着突出的酒香"，至今仍可被视为经典表述。至于梅多克地区顶级酒的酒香，曾有人诗意地描述为"最诱人的是封蜡在燃烧时弥散出的轻烟中所带有的那一丝丝芳香"。

葡萄品种：赤霞珠80%~85%，梅洛15%~20%

橡木桶陈放：18个月；其中55%为新桶

平均年产量：2万箱

迪阿磨坊

Moulin de Duart
波亚克产区

迪阿米隆堡的副牌酒，由未达到制造正牌标准的酒制成，通常来自比葡萄平均年龄小的那些果实，故与正牌口味相近但陈年能力稍逊，适饮人群较年轻。卡许阿德台地上曾有一座老磨坊就在迪阿米隆葡萄园附近，酒名即来源于此。

葡萄品种：赤霞珠55%~60%，梅洛40%~45%
橡木桶陈放：在使用过两年的旧桶中陈放10个月
平均年产量：1万箱

留赛克堡的历史

留赛克（Rieussec）这个名字无疑来自苏岱地区一条因为清浅而常常在夏季变干涸的小溪（ruisseru 为"小溪"，sec 则有干涸之意），溪水两侧分别是留赛克堡与著名的伊甘酒庄。18世纪时，留赛克堡是郎贡地区加尔默罗会修士们的财产。城堡在法国大革命期间被充公；1790年，被作为国家财产售卖。

从那时起，很多人陆续成为留赛克历史上的主人。1855年进行葡萄酒分级时，它的掌握者是麦纳先生，留赛克酒庄被列为苏岱与巴撒克地区特级一等。其后100多年间，酒庄几易其主，终于在1984年成为罗斯柴尔德男爵的产业之一。成为罗氏产业之后，酒庄坚持不懈追求质量。为使土地潜力更充分发挥，葡萄采摘后筛选更为精心，发酵后须进行分级选出最好的酒进行混调以制造顶级酒。1989年建起新酒窖以期延长酒的陈年时间。在严格的质量要求下，从1990年代起顶级酒产量大大减少，1993年甚至停产。2000年开始翻建存放陈年酒的酒窖，同时盖起新的发酵间，并为葡萄筛选间和压榨室添置现代化的技术设备。留赛克酒庄130公顷的土地连绵于苏岱和法歌村的山丘上，是苏岱地区最大的酒庄之一。东面与伊甘堡毗邻，葡萄种植面积90公顷。葡萄园由拉菲产业技术部副总监弗雷德里克·马尼兹管理。至于产量，传统的比照基准在这里失去其意义。一般来说，梅多克地区一棵葡萄产一瓶酒，而此处一棵葡萄才酿出一杯酒！

留赛克卡莫

Carmes de Rieussec
苏岱产区　Sauternes

留赛克卡莫是留赛克堡的副牌酒，是选用与正牌相同的基酒酿造而成。其恒定特点为香气饱满丰富，入口有浓郁的柑橘香味。酒之所以取名"卡莫"，是因留赛克堡在18世纪曾为郎贡地区卡莫修道院的财产之故。

葡萄比例：赛美容85%，长相思10%，麝香5%
橡木桶陈放：橡木桶培养18个月
平均年产量：9.3万箱

留赛克堡

苏岱产区顶级一等

Chateau Rieussec

这款酒作为苏岱地区一等佳酿的名声已传承数代。早在1868年，夏尔科克就有此评论："留赛克酒庄酿造的酒同伊甘堡非常相似。"（夏尔科克是著名的波尔多酒评家，著有《波尔多和它的酒》，此书被行家誉为"波尔多葡萄酒的圣经"。）

葡萄比例：赛美容95%，麝香2%，长相思3%

橡木桶陈放：依年份不同，在18~26个月之间，50%~55%橡木桶为新桶

平均年产量：平均每年6000箱（1993年未生产，2000年仅3000箱）

留赛克之R

"R" de Rieussec

属格拉夫型不甜白葡萄酒，以长相思与赛美容两种葡萄混调而成；使用20%的新桶与80%的不锈钢发酵槽酿制，此法可赋予酒陈年的潜质并最大限度保留葡萄的新鲜和果香。

葡萄比例：赛美容50%，长相思50%

平均年产量：2000至3000箱

乐王吉尔堡

Chateau L'Evangile

波美侯产区（Pomerol）

　　酒庄历史——波美侯地区葡萄园的"福音"：

　　波美侯山丘在东南部蓝黏土地质表面上出现的一条长长的砾石地带是地理作用的结果，四世纪的拉丁抒情诗人奥索尼乌斯就曾在诗中歌咏此地的美酒。乐王吉尔堡从18世纪起与另两家酒庄柏翠堡和白马堡的葡萄园一起分享着这片稀有的土地。来自波尔多纪龙德河右岸利布恩市的雷格理兹家族是乐王吉尔堡的起源。18世纪中期波美侯地区的葡萄种植开始兴旺发展，雷格理兹家族亦是此中的领军人物。一位律师买下葡萄园并重新命名为乐王吉尔（Evangile），在法语中为"福音"之意。新名字果然为酒庄带来了福音，乐王吉尔的葡萄酒开始逐渐广为人知。1868年，在有着"波尔多酒圣经"之誉的《波尔多与它的酒》一书中，乐王吉尔堡已被列为上波美侯区的特级一等。

　　1990年罗斯柴尔德男爵买下乐王吉尔堡，提高了顶级酒的选择标准，并创制了"乐王吉尔徽章"作为其二线品牌，同时开始其全面整饬计划。乐王吉尔的葡萄酒素以优雅精美闻名。培育出健康成熟的葡萄，打造设备完善的酿造环境，以精湛的经验技术进一步提高品质，使这份精美与优雅流传下去，正是男爵对此"福音之堡"的期望。

　　一本多年前出版的《波尔多顶级酒》中，描述此酒"丰满，优雅，具有无与伦比的酒香细腻品质"。许多品酒行家都认为精美和优雅是其标志。

　　葡萄组成：梅洛70%，品丽珠30%

　　橡木桶陈年：18个月，其中70%为新桶

　　平均年产量：2000至3000箱

乐王吉尔徽章

Blason de L'Evangile
波美侯产区（Pomerol）

是由未进入顶级酒培养的发酵槽中的酒制造而成，具有与顶级酒相似的口味特征，但不及正牌耐久存，适饮人群更为年轻。此酒得名于酒庄历史上主人的家族徽章。

葡萄组成：梅洛65%，品丽珠35%
橡木桶陈年：15个月
平均年产量：2000至3000箱

卡瑟天堂红

Chateau Paradis Casseuil Rouge

两海之间产区（Entre Deux Mers）

这款酒具有新鲜果香和迷人的花香，短时间的陈化期后即可饮用。

葡萄品种：卡本妮苏维翁50%，梅洛45%，卡本妮弗朗克5%

平均年产量：1.2万箱

卡瑟天堂堡

Chateau Paradis Casseuil

酒庄历史——命运曾与留赛克堡相联:

酒庄的名字来自卡瑟村庄和人们对那里最主要的一片葡萄园的亲切称呼"天堂葡萄园",可以肯定的是它从没有辜负这一称谓。

卡瑟天堂酒庄曾经是留赛克酒庄的财产。1984年,卡瑟天堂酒庄进入罗斯柴尔德产业麾下,当时果园面积为14公顷。1989年,酒庄面积增加9公顷,并在位于圣佛瓦拉郎格葡萄种植园的中心位置拥有了自己的酒库。自此,卡瑟天堂堡的葡萄酒在短时间内即成为两海之间产区的代表性佳酿。葡萄园分布在波尔多两海间次产区内的卡瑟、考德候和圣佛瓦拉郎格三个村庄内,卡瑟天堂堡与留赛克堡的葡萄园在罗斯柴尔德产业的技术部副总监埃里克·科雷的总督管下由一支共同的技术小组管理。

皮耶勒堡

Chateau Peyre

里斯特哈克—梅多克产区（Lebade,Listrac-Mdoc）

　　酒庄历史——古老的历史与今日的复兴：

　　皮耶勒堡位于里斯特哈克——梅多克产区的中心地带，得名于当地富含石灰石的地质条件，皮耶勒（Peyre-Lebade）意为"抬高的石头"。从12世纪起，当地西多修道院的修士们就开始栽种葡萄，这些西多会修士们怀着不可思议的宗教般的热情，用舌头品尝泥土，试图发现上帝与人间的神秘联系，而由此寻找到土质与葡萄品种间的和谐搭配。

　　酒庄与法国杰出的象征主义画家奥迪伦·雷东还曾有历史的渊源：画家大部分最著名的作品都是以这片土地为题材，画面上倾注了他对土地的迷恋之情和对这份家族产业的热爱。

　　1979年皮耶勒堡被埃德蒙·德·罗斯柴尔德男爵购入，此时男爵已经拥有邻近的位于里斯特哈克的克拉克酒庄与位于穆里斯的玛拉玛颂酒庄，几个酒庄都得到与拉菲堡同样的悉心经营，酒庄发展从此进入新的阶段。皮耶勒堡现属于埃德蒙男爵的儿子本杰明·德·罗斯柴尔德男爵所有，由罗斯柴尔德拉菲集团主管其市场销售。

　　这款酒带有里斯特哈克产区的典型特征，果香浓郁丰满。而比例高的梅洛又使其拥有极为柔顺的口感，这是与产区内其他酒的相异之处。

　　葡萄比例：梅洛65%~75%，赤霞珠12%~25%，品丽珠10%
　　橡木桶陈放：12至16个月
　　平均年产量：1.6万箱

奥斯叶酒庄

Chateau D'Aussieres

酒庄历史：

"奥斯叶酒庄地理位置优越，酿酒文化源远流长，历史传说美不胜收，当地自然风光野趣横生。"眼光精准的埃里克男爵看中了这座曾是郎格道克地区纳博那市最古老同时也是最美丽的葡萄园。拉菲集团决定与法国大型酒业集团旗下的里斯特尔酒庄合作展开复兴工程，重现其当年胜景。要追寻奥斯叶的酿酒历史须上溯到罗马时代。

当时，向罗马教廷供奉葡萄酒的大酒庄中就有纳博那地区酒庄。中世纪的教会大力保护葡萄种植，将近八个世纪的时间里，奥斯叶酒庄一直是教会财产。1790年，正值法国大革命期间，奥斯叶酒庄由于是教会财产而被充公拍卖。拿破仑的军事行政官兼后勤部长达鲁伯爵买下了酒庄。在他管理期间，奥斯叶酒庄葡萄栽种面积增至近80公顷。1920到1930年间，葡萄栽种面积已达到270公顷，奥斯叶地区住有120名酒农与手工业者，人们甚至还建起了学校，奥斯叶成为一个真正的以酿酒业为主的小村。20世纪50年代开始，朗格道克地区葡萄园各大酒庄陷入不景气时期，奥斯叶酒庄亦受株连。幸而朗格道克地区的酒农们在临近世纪之交时重整旗鼓，全地区酿酒业重现复兴之相，而且各酒庄不断产出高品质葡萄酒，奥斯叶酒庄正是其中励精图治的一员。奥斯叶酒庄的158公顷葡萄园属于纳博那地区的高比耶产区，处在枫弗华地区中心，葡萄园中三分之二收成用来酿造以高比耶为名号的 AOP 级葡萄酒。

奥斯叶堡红

Chateau D'Aussieres

高比耶产区（Corbieres）AOP 级红酒

　　奥斯叶堡红所用葡萄产自酒庄葡萄园中最好的地块。这些地块的小气候较为凉爽，葡萄成熟晚，此特点充分体现在酒中：酒体优雅扎实，极为细腻。酿酒师从各酿酒罐中经严格挑选调配出的奥斯叶堡红产量有限，40% 经12至16个月木桶陈年。

　　葡萄品种：设拉子、歌海娜、慕韦度、佳利酿

　　橡木桶陈年：12到16个月（其中40% 为橡木桶）

　　平均年产量：6000箱

奥斯叶徽纹红

Blason D'Aussieres
高比耶产区（Corbieres）AOP 级红酒

　　酒庄另一款 AOP 级红酒奥斯叶徽纹红香味饱满，具有充沛的植物香气与成熟的水果香；入口柔顺丰腴，常带有香料味道，回味持久，为奥斯叶酒庄的典型作品，充分反映了当地土壤与气候特点。20% 使用橡木桶经12个月陈放后装瓶。

葡萄品种：设拉子、歌海娜、慕韦度、佳利酿
橡木桶陈年：10到12个月（其中20% 为橡木桶）
平均年产量：1.5万箱

奥斯叶特爱丝

Terrasses D'Aussieres
高比耶产区（Corbieres）AOP 级红酒

奥斯叶特爱丝的口感辛辣，带有丰富的常绿矮灌木香气，充分体现出该酒庄的独特风土魅力。酒体结构柔软，带有新鲜多汁的水果香味。

葡萄品种：设拉子、歌海娜、慕韦度、佳利酿
橡木桶陈年：12个月（其中20% 为橡木桶）
平均年产量：5000箱

奥斯叶红

Aussieres Rouge
地区餐酒

奥斯叶红由两个葡萄品种酿制，兼有卡本妮苏维翁葡萄的浓密优雅和设拉子葡萄强烈的性格。这款酒兼具隆格多克和波尔多区域葡萄酒的成分，往往借由梅洛、慕韦度和卡本妮弗朗克等葡萄的调和达到恰到好处的平衡。

葡萄比例：卡本妮苏维翁、卡本妮弗朗克、
　　　　　梅洛、设拉子与慕韦度
平均年产量：1.5万箱

奥斯叶珍宝

Aussieres Blanc
地区餐酒

奥斯叶古堡栽种的霞多丽仅有几公顷，所酿出的葡萄酒清新淡雅，具有和谐的果香。这一小片霞多丽所在小气候环境为整片果园中最冷地带，在夏季尤为干旱，有时可造成极大灾害。酒庄采用最先进的种植技法培育，对葡萄长势与浇灌量进行控制，以令果实达到最佳成熟度。

葡萄品种：100% 霞多丽
平均年产量：3000 箱

拉菲精选系列 (The Dbr Collection)

现代精神融入古老技法

罗斯柴尔德男爵家族拥有拉菲堡已历五代人，其从未更改的心愿就是酿造名满天下的美酒。今天的罗斯柴尔德家族在波尔多地区拥有罗斯柴尔德拉菲堡、迪阿米隆堡、乐王吉尔堡与留塞克堡数家酒庄。

很多年前，作为对酒庄声名赫赫的大牌酒的补充部分，罗斯柴尔德男爵开发出一些柔顺易饮的"男爵特选之酒"以招待亲朋聚会。

为续写这一美丽传统，今天的罗斯柴尔德拉菲集团将这一系列酒用波尔多地区四大名号进行标识，即波尔多、波尔多白、梅多克与波亚克。此系列酒具有经典的波尔多风格而更适合人们日常饮用。

拉菲罗氏传奇系列（Legende"R"）

精选系列：经典风格之另类精神

罗斯柴尔德家族在酒世界中素有创新者之名，此拉菲精选系列又是一生动例证。由拉菲集团酿酒师迪阿纳·弗拉芒主理，集各方之力，付之以酿造顶级酒般的精心与热情打造而成，拉菲精选系列中各款酒皆体现出其产区名号之特点。

拉菲精选系列中标有波亚克或梅多克名号的各款酒所选用葡萄产自拉菲堡及邻近葡萄园。

常饮拉菲精选，享受罗氏风格

标有波尔多名号的各款酒则是来自波尔多地区的优质葡萄，合作酒商依据拉菲集团规定的技术方法进行酿造调配。波尔多红／白各款集中波尔多各地最好的葡萄酒调配而成，所来自地区有波尔多河谷、卡斯第卡斯戎河谷、弗郎克河谷、布莱耶河谷、两海之间等。

拉菲精选系列（The Dbr Collection）

拉菲罗氏传奇波尔多红

Legende,Bordeaux Rouge

　　为家庭晚餐增一份情调，或为朋友私语添一点亲密，这款拉菲传奇波尔多红皆是理想之选。该款酒以传统葡萄品种卡本妮苏维翁、梅洛、卡本妮弗朗克与小维戈酿造而成，调配方法根据年份不同而有差异，皆以获得最佳平衡为准。高比例的卡本妮苏维翁赋予此款酒优雅性格，正如拉菲集团所产各款传统型美酒，圆润合口。

　　葡萄品种：卡本妮苏维翁、梅洛和卡本妮弗朗克
　　橡木桶陈年：40% 在木桶内培养 9 个月
　　平均年产量：2 万箱

拉菲罗氏传奇波尔多白

Legende,Bordeaux Blanc

围炉闲话时刻，亲朋聚餐之际，都不应少了这瓶拉菲传奇波尔多白。此款佳酿由苏维翁、谢蜜雍酿造，某些年份还加入了慕斯卡德，采用最先进的酿造方法。入口清爽活泼，令人满心畅快，与拉菲集团另一酒庄留塞克古堡产出的一款不甜型白葡萄酒留塞克 R 具有一致风格。

葡萄品种：苏维翁、谢蜜雍和慕斯卡德
平均年产量：1万箱

拉菲罗氏传奇梅多克

Legende,Medoc

　　拉菲罗氏传奇梅多克具有宝石红的颜色、浓郁的酒香与圆润的酒体，适于配搭多种佳肴。由拉菲酿酒师在梅多克产区各酒庄亲选出的葡萄酒在开始酿造前就已经过了产量控制、成熟度检测、保证果实完整健康的严格关口，再加以传统技术陈酿，令赤霞珠淋漓尽致地发挥出其作为梅多克地区"葡萄之王"的魅力。所有爱波尔多佳酿的人们定是早已爱上它的非凡气质。

　　葡萄比例：50%~70% 赤霞珠、30%~40% 梅洛
　　　　　　　5%~10% 品丽珠
　　橡木桶陈年：20% 于木桶内培养 3 至 9 个月
　　平均年产量：7000 箱

拉菲罗氏传奇波亚克

Legende,Pauillac

拉菲罗氏传奇波亚克所受"礼遇"完全与拉菲大牌酒一致。它产自拉菲集团自己的葡萄园，自始至终都受到特别关照，因此酒中优雅的古典风格清晰可辨。不过，较之拉菲的大牌酒，波亚克传奇的酒体没有那样集中，而是成长较快。与拉菲传奇梅多克同样，几个月的陈放即可发展至丰富完满。波亚克传奇的特有风格在波尔多佳酿中可谓独一无二。

葡萄比例：50%~70% 赤霞珠、30%~40% 梅洛
　　　　　5%~10% 品丽珠
橡木桶陈年：橡木桶内培养3至9个月
平均年产量：5000箱

拉菲罗氏家族传说系列（SAGA "R"）

拉菲罗氏家族传说波尔多红

Saga,Bordeaux Rouge

作为日常饮用的葡萄酒，拉菲罗氏家族传说波尔多红采用传统的波尔多葡萄品种——卡本妮苏维翁、梅洛和卡本妮弗朗克酿造而成。其中比例因年份和特征各有不同。总体而言，各年份都是以卡本妮苏维翁占最高比例。酿造技术与陈放方法与葡萄品种相适宜，令葡萄特性得到充分展现，酒体圆润，结构复杂，是一款具有明显拉菲集团"家族风格"的美酒。

葡萄品种：卡本妮苏维翁、梅洛和卡本妮弗朗克
橡木桶陈年：40% 橡木桶内培养 9 个月
平均年产量：3 万箱

拉菲罗氏家族传说波尔多白

Saga,Bordeaux Blanc

拉菲罗氏家族传说波尔多白主要使用苏维翁、谢蜜雍酿造，某些年份加入慕斯卡德。高比例的谢蜜雍作为酿造原料，使这款佳酿与拉菲集团另一酒庄莱斯古堡的 R 系列葡萄酒风格相一致（莱斯古堡干白）。不论年份远近，都果香纯正，清新雅致。

葡萄品种：苏维翁、谢蜜雍和慕斯卡德
平均年产量：1万箱

拉菲罗氏家族传说梅多克

Saga,Medoc

由于梅多克地区土壤的多样性，该地区的葡萄可以酿造出适宜各种不同场合下饮用的葡萄美酒。拉菲罗氏家族传说梅多克具备经典的梅多克风格，给人们带来即刻享用的便捷与快乐。该款葡萄酒是通过产地甄选，限制产量，以及选取完整健康的果实精心酿造而成。梅多克地区主要种植的葡萄品种是卡本妮苏维翁，传统的桶装陈年技术也经过了不断的调试与不同酿酒年份的特点相适应。

葡萄品种：50%~70% 卡本妮苏维翁

　　　　　30%~40% 梅洛

　　　　　5%~10% 卡本妮弗朗克

橡木桶陈年：橡木桶内培养3至9个月，占比20%至50%

平均年产量：7000箱

拉菲罗氏家族传说波亚克

Saga, Pauillac

　　拉菲精选系列中标有波亚克名号的葡萄酒所用基酒主要来自拉菲集团自己的酒庄，由拉菲的酿酒师负责酿造和陈放。所用果实产自酒庄果园中较青涩的葡萄，因此酒体结构不如大牌酒集中，成长速度更快，但同样都体现了明显的拉菲风格。和拉菲罗氏家族传说梅多克一样，在投放市场之时已经发展到试饮期，酒体复杂，口感优雅。

　　葡萄品种：卡本妮苏维翁、梅洛、卡本妮弗朗克
　　橡木桶陈年：橡木桶内培养3至9个月
　　平均年产量：5000箱

拉菲特藏系列（Reserve Speciale）

拉菲特藏波尔多红

Reserve,Bordeaux Rouge

自波尔多各优等酒庄所酿之酒中进行选取再经调配，即为拉菲特藏波尔多红／白。它集中了这片土地上最好的葡萄园的精华，混合出的作品体现出波尔多传统型佳酿的特点：强调酒体的平衡而非酒中的木味。所选之酒主要来自两海之间产区与波尔多河沿岸地区。

葡萄品种：卡本妮苏维翁和梅洛为主，卡本妮弗朗克为辅

平均年产量：5万箱

拉菲特藏波尔多白

Reserve,Bordeaux Blanc

选取波尔多各优等酒庄所酿之酒再经调配，即为拉菲特藏波尔多红 /
白。它集中了这片土地上最好的葡萄园的精华，混合出的作品体现出波尔
多传统型佳酿的特点：强调酒体的平衡而非酒中的木味。所选之酒主要来
自两海之间产区与波尔多河沿岸地区。

葡萄品种：卡本妮苏维翁和梅洛为主，卡本妮弗朗克为辅
平均年产量：5 万箱

拉菲特藏梅多克

Reserve,Medoc

与拉菲特藏波亚克同样，拉菲特藏梅多克也是波尔多美酒之优雅和谐的传统风格写照，此酒选自梅多克产区最好的酒庄，由拉菲酿酒师确定调配方法。

葡萄品种：卡本妮苏维翁、梅洛、卡本妮弗朗克
橡木桶陈年：新橡木桶内培养3至9个月，占比20%
平均年产量：1万箱

拉菲特藏波亚克

Reserve,Pauillac

拉菲特藏波亚克选自波亚克村各酒庄，由拉菲酿酒师遵循传统方法酿造调配而成，秉承酒庄酒之风格。

葡萄品种：卡本妮苏维翁、梅洛和卡本妮弗朗克
橡木桶陈年：新橡木桶陈放3至9个月
平均年产量：1万箱

拉菲尚品红

Selection Prestige

选取自波尔多各优等酒庄所酿之酒再经调配，即为拉菲尚品红。它集中了这片土地上最好的葡萄园的精华，混合出的作品体现出波尔多传统型佳酿的特点：强调酒体的平衡而非酒中的木味。所选之酒主要来自两海之间产区与波尔多河沿岸地区。

葡萄品种：卡本妮苏维翁和梅洛为主，卡本妮弗朗克为辅
平均年产量：5万箱

拉菲尚品白

Selection Prestige

选取波尔多各优等酒庄所酿之酒再经调配，即为拉菲尚品白。它集中了这片土地上最好的葡萄园的精华，混合出的作品体现出波尔多传统型佳酿的特点：强调酒体的平衡而非酒中的木味。所选之酒主要来自两海之间产区与波尔多河沿岸地区。

葡萄品种：苏维翁、谢蜜雍和慕斯卡德
平均年产量：1.5万箱

其他国家酒庄

探寻美地，广结善友，合作共进。爱美酒之意深，恋土地之情挚，兼负探奇求变之愿、博学广志之心，因历史荣光不可不传，家族盛誉莫可辜负。怀此雄心，拉菲集团积极向海外拓展其葡萄酒王国版图。自1988年起，拉菲集团开始向海外谋求合作。基于共同的对享用美酒的爱好、对酿造美酒的痴迷，来自不同地域的人们开始携手，在合作的路上相识相知，互相赏识。不论是在智利的科尔查瓜山谷，还是阿列提住地区的路易斯安娜平原，抑或阿根廷门多萨的高纬度山坡，每一处的葡萄园都是拉菲集团管理人员各处走访酒庄、了解当地风土，深谈广问后千中选一的结果。尊重各处风土，将当地葡萄种植酿造传统与拉菲集团技术力量支持相结合，投资必要建设项目，耐心等候时间酿成美酒。这一简单朴实之理就是拉菲集团的组织发展原则。

智利巴斯克酒庄

Vina Los Vascos

巴斯克葡萄园位于智利圣地亚哥西南200公里的科尔查瓜省一个面积3600公顷的大庄园的中心地带，葡萄栽种面积580公顷。这一整片土地是全智利最大的葡萄园之一。

科尔查瓜的酿酒历史颇为久远。16世纪时，西班牙征服者们将葡萄秧苗带入智利北部地区。1750年左右，来自巴斯克地区的埃切尼克家族开始在科尔查瓜山谷中栽种葡萄。智利葡萄酒业在18世纪迅速发展，包括埃切尼克家族在内的一些先锋人物开始将目光投向法国酿酒业以寻求借鉴。为了纪念历史上曾在这里开垦耕耘过的先人，果园于1981年定名为巴斯克葡萄园。

1988年，罗斯柴尔德拉菲集团收购该酒庄。通过深入研究智利别具特点的土壤和气候而酿造出具有当地风情的美酒，是拉菲在智利发展葡萄园的初衷。巴斯克酒庄归到罗斯柴尔德旗下之后，即在吉尔伯特·洛克芒的督导下进行大规模的投资（吉尔伯特曾于1983到1994年之间任罗斯柴尔德拉菲堡的技术总监）。该酒庄出品的最近几个年份的酒具有出色的集中度和细腻的口感。

巴斯克十年

Le Dix de Los Vascos

科尔查瓜产区（Colchagua）

　　为了纪念拉菲集团在智利的土地上开垦耕作已有十个年头，更因某些桶中的酒品质尤为出色，酒庄决定特别精选这一部分推出一款顶级酒。所用葡萄皆选自栽种于一片名为"El Fraile"的土地上、超过70年的老葡萄树上，在全新法国橡木桶中陈年。

　　这一具有纪念意义的品牌产量甚少，酒的醇度与细腻口感随年份不同而略有变化。（1998年和2005年无产出）

巴斯克赤霞珠顶级特藏

Los Vascos,Cabernet Sauvignon,Gran de Reserve
科尔查瓜产区（Colchagua）

此款酒是2004年以来首款以卡本妮苏维翁为主的混合葡萄酒。按传统工艺发酵，在法国橡木桶中陈放。其特征为酒香持久，香气复杂。

葡萄品种：卡本妮苏维翁（75%至80%）、卡麦妮、设拉子、马尔贝克
橡木桶陈年：法国橡木桶中陈年12个月，其中一半为新桶
平均年产量：4万至5万桶

巴斯克赤霞珠

Los Vascos,Cabernet Sauvignon
科尔查瓜产区（Colchagua）

卡本妮苏维翁是巴斯克酒庄出产的传统葡萄酒，它使酒庄闻名遐迩。尽管年份不同，却都具有成熟果香、清新花香和柔顺丰腴的层次感。

葡萄品种：卡本妮苏维翁
平均年产量：35万箱

巴斯克霞多丽

Los Vascos Chardonnay
科尔查瓜产区（Colchagua）

巴斯克霞多丽品味清新细腻，果香和谐。其中一部分霞多丽葡萄来自位于圣地亚哥和巴勒帕莱索之间北侧的卡萨布兰卡山谷。

葡萄品种：霞多丽
平均年产量：4万箱

巴斯克长相思

Los Vascos,Sauvignon Blabc
卡萨布兰与库里科产区（Cassbiabca/Curico）

此酒由来自长期合作的卡萨布兰卡及库里科地区出产的葡萄酿造而成。

葡萄品种：苏维翁白
平均年产量：1.5 万箱

巴斯克玫瑰红

Los Vascos,roes

巴斯克玫瑰红酒由采摘后的葡萄立即压榨而成，从而保留了葡萄的新鲜、浓郁的果香和葡萄汁晶莹透亮的色泽。适宜年份较长时饮用，以享受其活泼优雅的特色。

葡萄品种：卡本妮苏维翁
平均年产量：7000 箱

巴斯克布里德

Brisandes,Caberent Sauvigono
科尔查瓜产区（Colchagua）

巴斯克布里德是巴斯克酒庄专门的技术小组从各酒槽中挑选果香清新而结构柔顺的酒制成。即使年份不同，也都具有成熟的果香、清新的花香和柔顺丰满的结构。

葡萄品种：卡本妮苏维翁
平均年产量：3万箱

巴斯克花园

Las Huertas,Caberent Sauvigono
科尔查瓜产区（Colchagua）

巴斯克花园是巴斯克酒庄的技术小组经过精心挑拣，专门研酿的一款葡萄酒，果香清新且结构柔顺。在不同的年份中，成熟的果香、悠然的清爽感及柔顺丰满的结构等特点始终贯穿其中。

葡萄品种：卡本妮苏维翁
平均年产量：3万箱

阿根廷卡罗酒庄

Bodegas Caro

1988年，拉菲集团与阿根廷的卡氏家族共同提出一个美妙的想法：酿造一款独具风味的美酒，将两种最具代表性的葡萄（马尔贝克与卡本妮苏维翁）相结合，完美地体现出法国的浪漫和阿根廷的奔放。

卡氏家族的酿酒已有三代，他们提供的是在门多萨地区高纬度土地颇具代表性的马尔贝克葡萄。罗斯柴尔德家族则贡献出具有百年历史的优质卡本妮苏维翁的种植、酿造和陈年工艺，以及在混合不同葡萄品种、配制极品佳酿方面的专业技术。

1999年，双方进行了首次的交流和甄选。第一款卡罗由2000年收成的葡萄酿制而成，其产量有限，于2002年投放市场，两个家族所期望打造出的那种独特气质在这款卡罗酒中已初现端倪。

由于2000、2001与2002年份的三款卡罗皆获成功，拉菲与卡罗酒庄决定再创制一款以马尔贝克为主要品种的葡萄酒，从而在阿根廷与波尔多风格之间建立了一种和谐的平衡。酒的名字为"阿曼卡亚"，是印第安语中一种生长在高纬度的安第斯山上的美丽花朵。因卡罗酒庄最早的葡萄园就位于安第斯山脚下，酒取此名以表纪念。第一款阿曼卡亚诞生于2003年。

卡罗酒窖位于门多萨地区中心地带，此项目也是卡罗酒庄的一项重要工程。2002及以后年份的葡萄酒在此酿制，而酒窖设施的建设工程仍在进行中。

卡罗

Caro

门多萨产区（Mendoza）

"卡罗"的名字来源于卡氏家族与罗斯柴尔德家族首字母的联合，体现出浓郁的阿根廷风情，马尔贝克葡萄所蕴含的典型阿根廷风味与卡本妮苏维翁更为优雅和复杂的结构使酒体丰满而细腻，体现了阿根廷与波尔多风格之间的平衡与协调。

葡萄品种：卡本妮苏维翁65%~75%，马尔贝克25%~35%

橡木桶陈年：法国橡木桶陈放18个月，其中60%为新橡木桶

平均年产量：5000箱

阿曼卡亚

Amancaya
门多萨产区（Mendoza）

与卡罗一样，阿曼卡亚也体现出阿根廷与波尔多风格之间的和谐与平衡。高比例的马尔贝克和时间相对较短的陈放令阿曼卡亚的果味更为突出。酒的名字"阿曼卡亚"为印第安语，这是一种生长在门多萨地区的高纬度安第斯山上的美丽花朵。

葡萄品种：马尔贝克40%~60%，卡本妮苏维翁40%~50%
橡木桶陈年：橡木桶陈放12个月（其中20%为新橡木桶）
平均年产量：2万箱

Chapter 5

葡萄酒第三生世的精彩故事

◆ 世界上最负盛名的 61 名庄图

◆ 葡萄酒之江湖

◆ 名庄与功夫门派

◆ 葡萄酒与汽车

◆ 葡萄酒与音乐

◆ 嫁人要嫁懂点葡萄酒文化的男人

◆ 娶人要娶懂点葡萄酒文化的女人

◆ 女人与葡萄酒

◆ 葡萄酒的人文情怀

◆ 葡萄酒的第三生世大结局

◆ 品酒日记

◆ 葡萄酒的第三生：辉煌的一生

世界上最负盛名的61名庄图

1855年波尔多61名庄（一级酒庄）

拉菲酒庄
CHATEAU LAFITE-
ROTHSCHILD

拉图酒庄
CHATEAU LATOUR

玛歌酒庄
CHATEAU MARGAUX

木桐酒庄
CHATEAU MOUTON-
ROTHSCHILD

奥比昂酒庄
CHATEAU HAUT-BRION

1855年波尔多61名庄（二级酒庄）

鲁臣世家
CHATEAU RAUSAN-
SEGLA

露仙歌酒庄
CHATEAU RAUZAN-
GASSIES

雄狮酒庄
CHATEAU LEOVILLE-
LAS CASES

露儿保酒庄
CHATEAU LEOVILLE-
POYFERRE

巴顿酒庄
CHATEAU LEOVILLE-
BARTON

杜霍酒庄
CHATEAU DURFORT-
VIVENS

力士金酒庄
CHATEAU LASCOMBES

拉露丝酒庄
CHATEAU GAUAUD-
LAROSE

班卡塔纳酒庄
CHATEAU BRANE-
CANTENAC

碧尚·巴雄酒庄
CHATEAU PICHON-
LONGUEVILLE-BANRON

碧尚·拉龙酒庄
CHATEAU PICHON-
LONGUEVILL,
COMESSE DE LALAN

宝嘉隆酒庄
CHATEAU DUCRU
-BEAUCAILLOU

爱士图尔酒庄
CHATEAU COS D'
ESTOURNEL

玫瑰酒庄
CHATEAU MONTROSE

麒麟酒庄
CHATEAU KIRWAN

1855年波尔多61名庄（三级酒庄）

杰斯高酒庄
CHATEAU GISCOURS

迪生酒庄
CHATEAU D'ISSAN

力关酒庄
CHATEAU LAGRANGE

郎雅高酒庄
CHATEAU LANGOA BATTON

马利哥酒庄
CHATEAUMALESCOT
SAINT-EXUPERY

肯德布朗酒庄
CHATEAU CANTENAC-
BROWN

宝马酒庄
CHATEAU PALMER

拉娟酒庄
CHATEAU LA LAGUNE

狄士美酒庄
CHATEAU DESMIRAIL

凯隆世家酒庄
CHATEAU CALON-
SEGUR

快利酒庄
CHATEAU FERRIERE

碧加侯爵酒庄
CHATEAU MARQUIS D'
ALESME BECKER

贝卡塔酒庄
CHATEAU BOYD-
CANTENAC

1855年波尔多61名庄（四级酒庄）

圣皮埃尔酒庄
CHATERU SAINT-
PIERRE

班尼酒庄
CHATERU BRANAIRE-
DUCRU

大宝酒庄
CHATERU TALBOT

都夏米隆酒庄
CHATERU DUHART-
MILON-ROTSCHILD

宝爵酒庄
CHATEAU POUGET

拉图·嘉利酒庄
CHATEAU LA TOUR
CARNET

拉科鲁锡酒庄
CHATEAU LAFON-
ROCHET

龙船酒庄
CHATEAU BEYCHEVELIE

荔仙酒庄
CHATEAU PRIEURE-
LICHINE

德达侯爵酒庄
CHATEAU MARQUIS-
DE-TERME

1855年波尔多61名庄（五级酒庄）

宝得根酒庄
CHATEAU PONTET-
CANET

巴特利酒庄
CHATEAU BATAILLEY

拉高斯酒庄
CHATEAU GRAND-
PUY-LACOSTE

都卡丝酒庄
CHATEAU GRAND-
PUY-DUCASSE

靓次摩酒庄
CHATEAU LYNCH-
MOUSSAS

靓次伯酒庄
CHATEAU LYNCH-
BAGES

杜萨酒庄
CHATEAU DAUZAC

达马邑酒庄
CHATEAU D'ARMAILHSC

狄达酒庄
CHATEAU DU TERTRE

奥巴酒庄
CHATEAU HART-
BAGES-LIBERAL

百德诗歌酒庄
CHATEAU PEDESCLAUX

百家富酒庄
CHATEAU BELGRAVE

歌碧酒庄
CHATEAU CROIZET
BAGES

卡美伦酒庄
CHATEAU CLERC-MILON

佳文萨酒庄
CHATEAU CANENSAC

佳得美酒庄
CHATEAU CANTEMERLE

那布内酒庄
CHATEAU COS-LABORY

奥巴特利酒庄
CHATEAU HAUT-
BATAILLEY

葡萄酒之江湖

"葡萄美酒夜光杯，欲饮琵琶马上催。醉卧沙场君莫笑，古来征战几人回！"唐末诗人王翰这首诗把美酒与战场，美妙与残酷紧扣，在惊心动魄的刀光剑影中，也体现了酒之魂，酒之美，酒与武功之联盟！"酒中乾坤大"，"劝君更尽一杯酒，西出阳关无故人"，都是一篇篇如歌如泣的酒之故事，酒之传奇……上下五千年的中华文化博大精深，每当改朝换代、翻天覆地之时，酒皆为武将之魄、文人之魂！"酒乃天之美禄也"，出自《汉书·食货志》。古之华夏，亦是葡萄酒之古产地之一。史上可考证者，伊朗（古巴比伦文明）考古发掘发现了距今一万年之前陶罐中存在葡萄酒的证据，因而伊朗是目前公认的最古老葡萄酒发源地，之后向东西传播，西至古埃及，东至古中国。故到唐末，饮葡萄酒之风尚盛，后来由于气候变凉及战乱，无论自然环境与人文政治环境都不适合葡萄的种植及酿酒工艺的传承，"广积粮"成为历代王朝的首要目标，葡萄种植及葡萄酒的酿造趋于没落以致断层。在中国直到清末，才有张裕葡萄酒的酿造。中国本是葡萄酒的旧世界王国，沦落为新世界中的新世界！

法国葡萄酒产区
Wine Regions Of France

香槟 Champagne

卢瓦尔河谷 Loire Valley

波尔多 Bordeaux

西南产区 South - West

朗格多克-鲁西雍
Languedoc - Roussillon

隆河谷 Rhone Valley

普罗旺斯 Provence

阿尔萨斯 Alsace

汝拉-萨瓦 Jura - Savoie

勃艮第 Burgundy

博诺莱 Beaujolais

科西嘉岛 Corse

法国葡萄酒产区

意大利葡萄酒产区
Wine Regions Of Italy

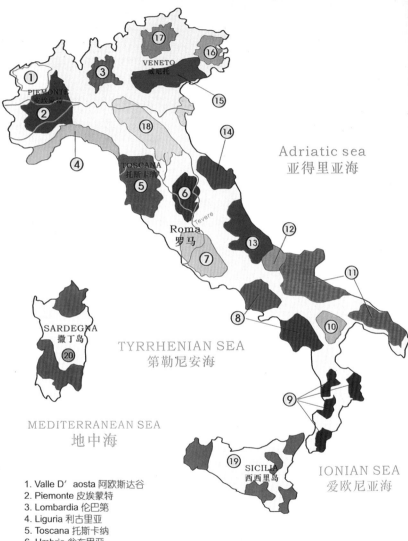

1. Valle D' aosta 阿欧斯达谷
2. Piemonte 皮埃蒙特
3. Lombardia 伦巴第
4. Liguria 利古里亚
5. Toscana 托斯卡纳
6. Umbria 翁布里亚
7. Lazio 拉齐奥
8. Campania 坎帕尼亚
9. Calabria 卡拉布里亚
10. Basilicata 巴西利卡塔
11. Puglia 普格利亚
12. Molise 莫利泽
13. Abruzzo 阿布鲁佐

14. Marche 马尔奇
15. Veneto 威尼托
16. Friuli-Venezia Giulia 弗留利-威尼斯-朱利亚
17. Trentino-Alto Adige 铁恩提诺-上阿迪杰
18. Enilia-Romagna 艾米利亚-罗马涅
19. Sicilia 西西里岛
20. Sardegna 撒丁岛

意大利葡萄酒产区

西班牙葡萄酒产区
Wine Regions Of Spain

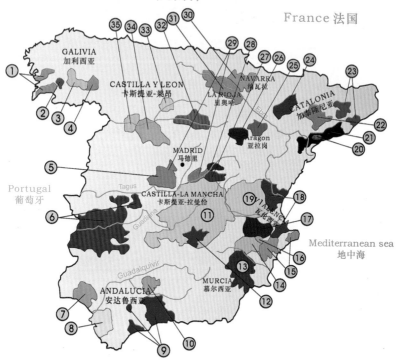

Atlantic ocean 大西洋

France 法国

GALIVIA 加利西亚

CASTILLA Y LEON 卡斯提亚-莱昂

NAVARRA 纳瓦拉

LA RIOJA 里奥哈

CATALONIA 加泰隆尼亚

Aragon 亚拉岗

MADRID 马德里

Portugal 葡萄牙

CASTILLA-LA MANCHA 卡斯提亚-拉曼恰

Tagus

Guadiana

VALENCIA 瓦伦西亚

Mediterranean sea 地中海

Guadalquivir

MURCIA 慕尔西亚

ANDALUCIA 安达鲁西亚

1. Rias Baixas 下海湾
2. Ribeiro 河岸区
3. Ribeira Sacra 萨克拉河岸地区
4. Valdeorras 瓦尔德奥拉斯
5. Mentrida 门特里拉
6. Ribera - Del Guadiana 瓜迪亚纳河岸
7. Condado de Huelva 韦尔瓦伯爵领地
8. Jerez 赫雷斯（雪利）
9. Malaga 马拉加
10. Montilla 蒙提亚
11. La Mancha 拉曼恰
12. Valdepenas 瓦尔德佩纳斯
13. Bullas 布亚斯
14. Jumilla 胡米利亚
15. Alicante 阿利坎特
16. Yecla 耶克拉
17. Almansa 阿尔曼萨
18. Valencia 瓦伦西亚

19. Manchuela 曼楚埃拉
20. Priorat 普里奥拉
21. Tarragona 塔拉戈纳
22. Costers Del Segre 塞格雷河岸
23. Alella 阿雷亚
24. Somontano 索蒙塔诺
25. Carinena 卡利涅纳
26. Calatayud 卡拉塔尤德
27. Uvles 乌克雷斯
28. Mondejar 蒙德哈尔
29. Vinos de Madrid 马德里
30. Navarra 纳瓦拉
31. La Rioja 里奥哈
32. Ribera Del Duero 杜罗河谷
33. Cigales 希加雷斯
34. Rueds 卢埃达
35. Toro 托罗

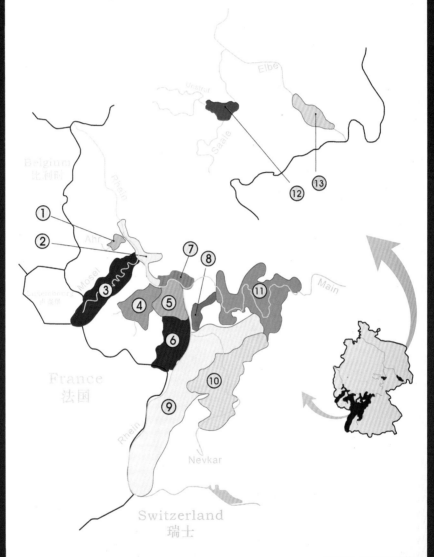

德国葡萄酒产区
Wine Regions Of Germany

1. Ahr 阿尔
2. Mittelrhein 中部莱茵
3. Mosel 莫泽尔
4. Nahe 纳赫
5. Rheinhessen 莱茵黑森
6. Pfalz 法尔兹
7. Rheingau 莱茵高
8. Hessische-Bergstrasse 赫西榭-贝格斯塔斯
9. Baden 巴登
10. Wurttemberg 乌登堡
11. Franken 弗兰肯
12. Saale-Unstrut 萨勒-安施特鲁特
13. Sachsen 萨克森

德国葡萄酒产区

葡萄牙葡萄酒产区
Wine Regions Of Portugal

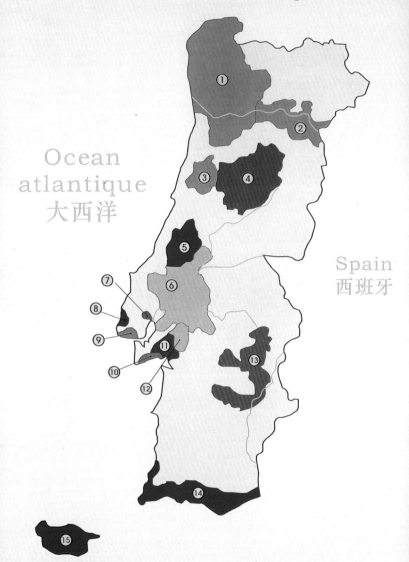

Ocean
atlantique
大西洋

Spain
西班牙

1. Vihno Verde 绿酒
2. Porto / Douro 波特酒 / 杜罗河
3. Bairrada 巴哈达
4. Dao 杜奥
5. Oeste 奥斯特
6. Ribatejo 里巴特茹
7. Bucelas 布切拉
8. Colares 克拉雷思
9. Carcavelos 卡卡维卢斯
10. Setubal 史托波
11. Arrabida 阿拉比达
12. Palmela 帕麦拉
13. Alentejo 阿伦特茹
14. Algarve 阿尔加夫
15. Madeira 玛德拉岛

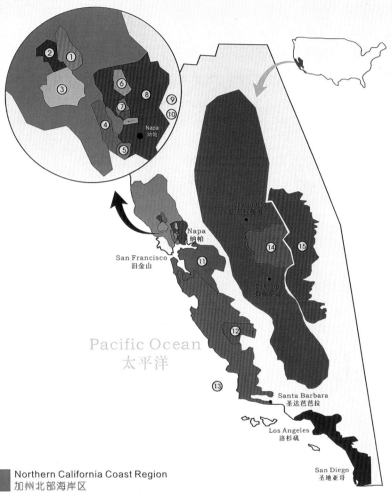

加州葡萄酒产区
Wine Regions of California

Pacific Ocean
太平洋

Sacramento 萨克拉曼多
Napa 纳帕
San Francisco 旧金山
Fresno 弗雷斯诺
Santa Barbara 圣达芭芭拉
Los Angeles 洛杉矶
San Diego 圣地亚哥

■ Northern California Coast Region
加州北部海岸区
1. Alexander Valley 亚历山大谷
2. Dry Creek Valley 干溪谷
3. Russian River Valley 俄罗斯河谷
4. Sonoma Valley 索诺玛谷
5. Los Carneros 卡内罗斯
6. Howell Mountain 豪厄尔谷
7. Saint Helena 圣海伦娜
8. Napa Valley 纳帕谷
9. Rutherford 拉瑟福谷
10. Oakville 橡树镇

■ Central California Coast Region
加州中部海岸区

11. San Francisco Bay 旧金山湾
12. Paso Robles 帕索罗布尔斯
13. Santa Maria Valley 圣玛丽亚谷

■ Sacramento And San Joaquin Valley Region
萨克拉曼多和圣华金谷区
14. Lodi 洛蒂

■ Sierra Nevada Region
谢拉内华达区
15. Sierra Foothills 谢拉山麓

■ Southern California Region
加州南部区

美国加州葡萄酒产区

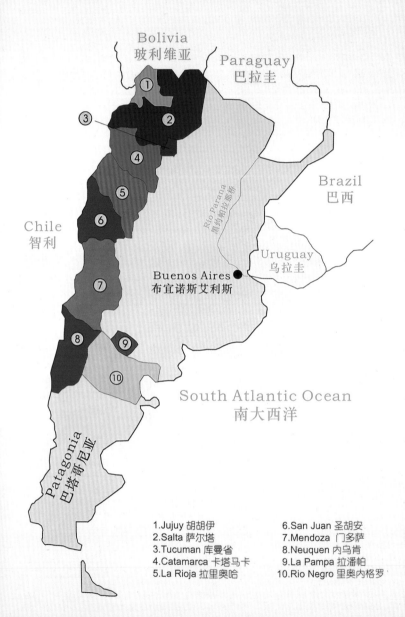

阿根廷葡萄酒产区
Wine Regions Of Argentina

1.Jujuy 胡胡伊　　　　　6.San Juan 圣胡安
2.Salta 萨尔塔　　　　　7.Mendoza 门多萨
3.Tucuman 库曼省　　　　8.Neuquen 内乌肯
4.Catamarca 卡塔马卡　　9.La Pampa 拉潘帕
5.La Rioja 拉里奥哈　　　10.Rio Negro 里奥内格罗

阿根廷葡萄酒产区

智利葡萄酒产区
Wine Regions Of Chile

Elqui valley
艾尔奇谷

拉塞雷纳 La Serena

Limari valley
利马里谷

Choapa valley
峭帕谷

Aconcagua valley
阿空加瓜谷

Maipo valley
麦坡谷

Argentina
阿根廷

Casablanca Valley 卡萨布兰卡谷

San Antonio Valley
圣.安东尼奥谷

Santiago
圣地亚哥

Cachapoal Valley
卡恰布谷

Colchagua Valley
空加瓜谷

Curico Valley
库里科谷

South pacific ocean
南太平洋

Maule Valley
莫莱谷

Itata Valley
伊塔塔谷

Bio Bio Valley
比奥-比奥谷

Malleco Valley
马勒科谷

智利葡萄酒产区

澳大利亚葡萄酒产区
Wine Regions Of Australia

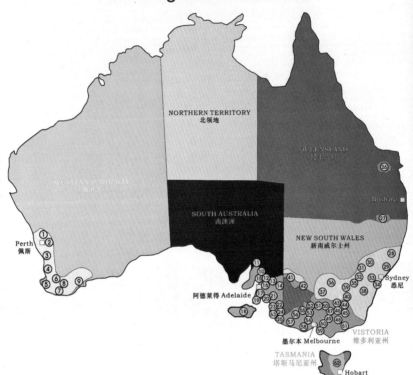

Western Australia 西澳洲

1. Swan District 天鹅地区
2. Perth Hills 佩斯山区
3. Peel 皮尔
4. Geographe 吉奥格利非
5. Margaret River 玛格利特河
6. Blackwood Valley 黑林谷
7. Pemberton 潘伯顿
8. Manjimup 满吉姆
9. Great Southern 大南部地区

South Australia 南澳洲

10. Clare Valley 克莱尔谷
11. Southern Flinders Ranges 南福林德尔士山区
12. Barossa Valley 巴罗萨谷
13. Eden Valley 伊顿谷
14. Riverland 河地
15. Adelaide Plains 阿德莱得平原
16. Adelaide Hills 阿德莱得山区
17. Mclaren Vale 迈拉仑维尔
18. Kangaroo Island 袋鼠岛
19. Southern Fleurieu 南福里里户
20. Currency Creek 金钱溪

21. Langhorne Creek 兰好乐溪
22. Padthaway 帕史维
23. Mount Benson 本逊山
24. Wrattonbully 拉顿布里
25. Coonawarra 库拉瓦拉
63. Robe 罗贝

Queensland 昆士兰州

26. South Burnett 南伯奈特
27. Granite Belt 格兰纳特贝尔

New South Wales 新南威尔士州

28. Hastings River 哈斯廷斯河
29. Hunter 猎人谷
30. mudgee 满吉
31. Orange 奥兰治
32. Cowra 考兰
33. Southern Highlands 南部高地
34. Shoalhaven Coast 肖海尔海岸
35. Hilltops 希托普斯
36. Riverina 滨海沿岸
37. Perricoota 佩里库特
38. Canberra District 堪培拉地区
39. Gundagai 刚达盖
40. Tunbarumba 唐巴兰姆巴

Victoria 维多利亚州

41. Murray Darling 墨累河岸地区
42. Swan Hill 天鹅山
43. RUtherglen 路斯格兰
44. Beechworth 比曲尔斯
45. Alpine Valleys 阿尔派谷
46. King Valley 国王谷
47. Glenrowan 格林罗旺
48. Upper Goulburn 上高宝
49. Strathbogie Ranges 史庄伯吉山区
50. Goulburn Valley 高宝谷
51. Heathcote 西斯寇特
52. Bendigo 班迪戈
53. Macedon Ranges 马斯顿山区
54. Sunbury 山伯利
55. Pyrenees 帕洛利
56. Grampians 格兰皮恩斯
57. Henty 亨提
58. Geelong 吉龙
59. Mornington Peninsula 莫宁顿半岛
60. Yarra Valley 雅拉谷
61. Gippslang 吉普史地

Tasmania 塔斯马尼亚州

62. Tasmania 塔斯马尼亚

澳大利亚葡萄酒产区

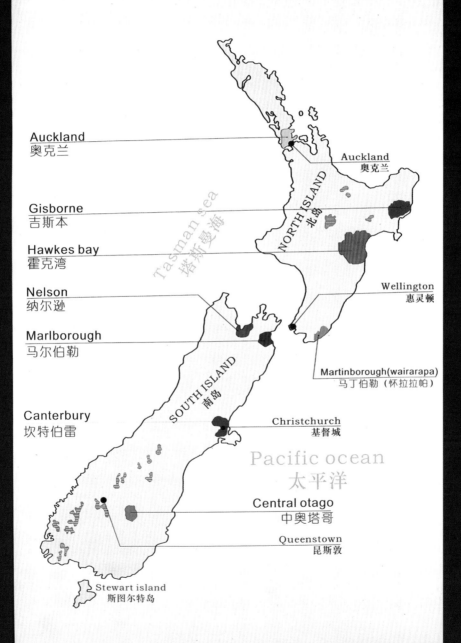

新西兰葡萄酒产区

南非葡萄酒产区
Wine Regions Of South Afica

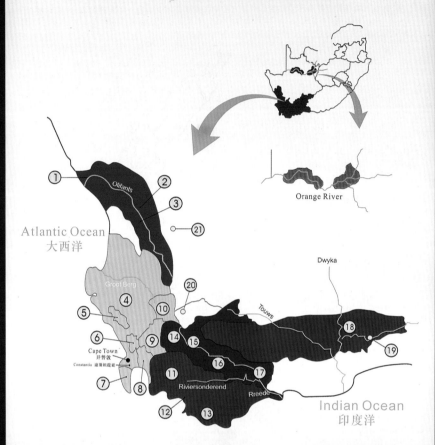

Atlantic Ocean
大西洋

Olifants

Groot Berg

Cape Town
开普敦
Constantia 康斯坦提亚

Dwyka

Touws

Rreede

Riviersonderend

Indian Ocean
印度洋

Orange River

Olifants river region
奥勒芬兹河产区

1. Lutzville Valley 路慈威尔谷
2. Citrusdal Valley 西绪达尔谷
3. Citrusdal Mountain 西绪达尔山

Coastal region
海岸地区

4. Swartland 斯瓦特兰
5. Darling 达令
6. Tygerberg 泰格伯格
7. Cape Point 开普泼引
8. Stellenbosch 斯泰伦博斯
9. Paarl 帕尔
10. Tulbagh 图尔巴

Districts not part of a region
次产区

11. Overberg 奥弗贝格
12. Walker Bay 沃克湾
13. Cape Agulhas 开普厄加勒斯

Breede river valley region
布瑞德河谷产区

14. Breedekloof 布瑞德克鲁夫
15. Worcester 伍斯特
16. Robertson 罗伯特森
17. Swellendam 史威兰登

Klein karoo
克雷卡茹

18. Calitzdorp 卡利兹多普
○ Wards Region 沃兹产区
19. Ceres 色瑞斯
20. Cederbers 赛德贝
21. Langkloof 朗克鲁夫

十二葡萄酒王国

现以酒界江湖划分标准（建文酒业"酒之江湖论"）分出十二葡萄酒王国（法国、意大利、西班牙、葡萄牙、德国这五国为旧世界，澳大利亚、新西兰、美国、加拿大、阿根廷、智利、南非这七国为新世界）。

我们用中国武林来划分，法国当然是领导武林之少林派，名庄众多，等级森严，就如少林派中长老众多，寺内各堂各院分工明确，等级辈分严格，罗曼尼·康帝俨然就是少林方丈，拉菲、木桐、拉图、玛歌、奥比昂是几大监院首座，辈分与方丈同，武功接近，各有千秋。

下面又有多位长老和小辈弟子，犹如剩余的五十六个列级庄，身手不凡，尚有里鹏、柏翠斯、白马、奥松，极像于寺后苦修之几大长老，有时武功之奇妙还略胜方丈！

少林弟子功夫扎实稳健，作风正派，就像法国酒之特性，名气最著，品质最高。

法国高级酒庄

·拉菲古堡　　　　　·拉图古堡
·玛歌古堡　　　　　·奥比安古堡
·木桐古堡　　　　　·柏翠斯古堡
·白马古堡　　　　　·奥松古堡

1855年法国葡萄酒等级排序

一级酒5种

二级酒14种

三级酒14种

四级酒10种

五级酒18种

红酒之王——罗曼尼·康帝

罗曼尼·康帝是传说中具有独特的玫瑰花香的红酒，只要喝一口就能令人痴醉的红酒。也因为它是世界上最多酒评家赞誉的酒，一直受到名流和贵族的追捧，价格极为高昂。随便一瓶罗曼尼·康帝都是上万美元，因此被世界最具影响力的酒评人罗伯特·帕克（Robert Parker）称为"百万富翁的酒，却是亿万富翁才能消费得起！"

波尔多有世界驰名的五大酒庄，但是勃艮第地区的一个罗曼尼·康帝酒庄（Domainedela Romanee-Conti，简称DRC）就足以与"五大"媲美。

罗曼尼·康帝酒庄的历史可以追溯到12世纪。酒庄种植的葡萄全部是皮薄色淡的黑皮诺(Pinot Noir)葡萄，面积只有1.8公顷，葡萄栽种护理方面完全采用手工。标着罗曼尼·康帝的酒每年只有3000~6000瓶。

名庄与功夫门派

意大利是江湖中能与少林派一争高下的武当派，也有辈分之分，虽然等级不多（意大利酒级别少），但颇多杰出人才，巴巴罗斯克葡萄品种犹如武当派的太极两仪剑，能与少林派分庭抗礼！

西班牙是江湖中的丐帮，第一大帮，人数最多，符合西班牙葡萄种植最广泛之意，丐帮帮主及九袋长老，武功出众，不差于少林武当，武林大会轮流当盟主，打狗棒法（犹如雪莉酒）可挑战任何武功，故法、意、西在旧世界葡萄酒王国是三鼎立。

峨眉派源远流长，虽然人数不多，但以其独特武功，剑法轻灵，一直屹立不倒，堪比葡萄牙一直屹立旧世界王国之列，产出不少美酒，也是波特酒（另类葡萄酒）发源地。

德国可以比作华山派，独占一方，华山论剑最负盛名，犹如德国雷司令白葡萄酒和冰酒，价格昂贵，排旧世界中第一位。

新世界七国中的澳大利亚应如南派少林，源自北少林法国，种植及酿酒方式相承一脉，只是土壤气候不同使得品种略有差别，花香味芬芳浓郁，武功路子南北少林亦有差别。

新西兰如南岳衡山剑派，其白葡萄酒就像衡山上雾气环绕、神龙见首不见尾的剑术。

美国葡萄酒理应是泰山派，虽然开宗立派晚，但立于东岳，是历代皇帝封禅地，其剑法武功大开大合，气势磅礴，就似美国酒之霸气十足，酒精及花香浓度超欧洲各国，与澳大利亚力争新世界第一。

加拿大是天山派，天池恰似安大略湖，练剑酿酒，不带人间烟火，VQA标准是天山剑法秘籍，七剑下天山，把冰酒也洒遍全球。

阿根廷是崆峒派，剑走偏锋，马尔贝克葡萄是崆峒绝招，与各大主流葡萄各有千秋。

智利好比天地会，后起之秀，智利酒王"活灵魂"如同舵主陈家洛，百花错拳，酒香横溢，弟子如智利美酒，遍布江湖。

南非似南帝段家，一隅之王，也能与绝顶高手并肩，六脉神剑在段誉时灵时不灵的情况下也能大放异彩，是南非酒的写照。

以下将介绍这几个国家的葡萄酒情况。

旧 世 界

· 法国　　· 意大利

· 西班牙　· 德国

· 葡萄牙

葡萄酒的等级

国家	法定产区葡萄酒	地区餐酒	普通餐酒
法国	AOC（AOP)	VDP（IGP）	VDT（VDF）
意大利	DOC/DOCG	IGT	Vino da Tavola
西班牙	DO/DOC	Vino de la Tierra	Vino de Mesa
德国	Pradikatswein/Qba	Landwein	Tafelwein

法　国

· 被公认为世界上生产顶级葡萄酒的国家。

· 顶级法国葡萄酒以其复杂、精细、价格而闻名于世。

· 法国葡萄庄园通常很小，产量也不稳定。高生产成本也就导致了高价位。

· 法国酒以个性鲜明、高贵、独特闻名世界。

十大产区：

· 香槟产区

· 阿尔萨斯产区

· 卢瓦尔河谷产区

· 勃艮第产区

· 汝拉和萨瓦产区

· 罗纳河谷产区

· 波尔多产区

· 西南产区

· 朗格多克—鲁西雍产区

· 普罗旺斯—科西嘉产区

　　香槟产区、勃艮第产区和波尔多产区为法国三大代表性产区（简称BBC）。

法国葡萄酒 AOC 级别细分

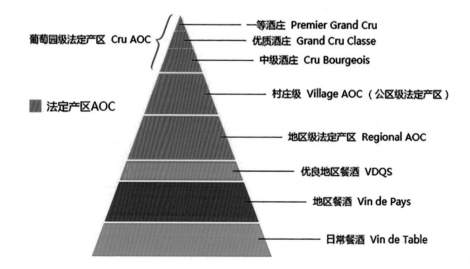

意大利

曾经是世界上最大的葡萄酒生产国，很多葡萄品种本国独有。意大利气候及地貌多样，酿造出世界上最丰富多彩的葡萄酒。

DOC 及 DOCG 并非品质的保证，众多 IGT 酒质出众。皮埃蒙特、托斯卡纳和东北部为三个主要产区。

西班牙

西班牙是世界上葡萄种植面积最大的国家，产酒量世界排名第三。

新 世 界

- ·美国
- ·澳大利亚
- ·新西兰
- ·智利
- ·南非
- ·阿根廷
- ·加拿大

美国加州

·加州葡萄酒酿造开始于1782年，但真正开始商业酿造是在1830年。

·优质葡萄园集中于旧金山湾北部，**NAPA** 已成为美国葡萄酒业的名片。

·主要葡萄品种：红葡萄品种有卡本内、梅洛、仙粉黛。白葡萄品种有霞多丽、苏维翁白。

·"第一号作品（Opus One）"是典雅的、带有贵族气息的。它高贵但酒体不饱满，有着旧世界酒的风韵，也有着新世界中美国酒的刚毅。

·2000年的"第一号作品"是现任酿酒师麦克·萨拉奇到酒庄后酿的第一个年份的酒，果香丰沛，汁浓质郁，初闻感到甜甜的黑色浆果香，再闻有黑醋栗、李子和甘草香，裹着胡椒和烟熏气；入口丰富，中偏重酒体，熟黑浆果香萦绕口中，单宁熟美柔滑，带着黑色浆果香的回味悠长。

澳大利亚

· 面积与美国大陆大致相同，葡萄酒产量世界第七，南部约占50%，集中在凉爽的维多利亚和新南威尔士州。

· 主要红葡萄品种：色拉子、赤霞珠。

· 主要白葡萄品种：霞多丽、雷司令、赛美容。

· 最好的葡萄酒集中在南澳阿德莱德附近。

· 奔富（PENGFOLDS）为最出名的品牌。

冰　酒

·德国、加拿大和奥地利为世界上最盛产冰酒的三个国家，加拿大的产量最大，有较严格的 VQA 标准。

·冰酒的适饮温度为4~6℃。

葡萄从种植、培养，直到采摘、酿造，再到橡木桶窖藏及装瓶，就像练武功一样，从小打造基础，苦练各种内外功及器械，最后才能进入江湖与其他门派一争！十二葡萄酒王国各展风采，就如武林十二大门派一样武功各有所长，品这些国家不同风味的美酒，就如欣赏精彩纷呈的武功！

葡萄酒与汽车

名酒与名车是土豪的两大必备品。不过，名酒与名车只有经过精心配对后方能相得益彰。比如，一个爱路虎的男人肯定会喜欢拉图的雄壮，但不一定能欣赏玛歌的细致与优雅。

那么，喝名酒，该配什么名车好呢？要说到名酒，对于中国人来说，最熟悉的莫过于波尔多八大名庄，那么这八大名庄适合开哪种名车的人喝呢？

拉菲配奔驰

拉菲是波尔多最知名的葡萄酒品牌，拉菲是豪华和气派的象征，这在中国尤其突出，其知名度在国内很高。

而奔驰被认为是世界上最成功的高档汽车品牌之一，奔驰的机械构造追求豪华、气派、安静。因此，拉菲适合开奔驰的人喝。

微信号：JWJYPTJWHPJH

拉图配路虎

　　拉图酒庄是波尔多五大一级名庄之一，其所产的葡萄酒较为刚烈，风格雄浑刚劲、绝不妥协，仿如低沉雄厚的男低音，醇厚而不刺激，优美而富有内涵。而路虎是世界著名的英国越野车品牌。路虎的价值观——冒险、勇气和自尊，闪耀在其各款汽车中。因此，拉图与路虎有着同样的雄浑与刚勇。

白马配宝马

　　白马具有奢华豪放的特点。白马酒庄葡萄酒在年轻和陈年后都非常迷人。处于年轻时期，该酒会有一股甜甜的诱人韵味。若陈年超过10年，白马酒又可散发出浓郁、多层次、既柔又密的风味。而在汽车界，则有着"坐奔驰，开宝马"的说法，这表明了奔驰的稳重和宝马的豪放。只有开宝马车，才能领略到它那痛快淋漓的风采。因此"两马"的联合肯定搭调。

欧颂配宾利

两者都是低调奢华的代表。

欧颂酒内敛深沉，典雅别致，往往需要10年以上的陈年才能进入适饮期。成熟之后的欧颂酒颜色至美，单宁变得更加集中，散发着诱人的酒香和成熟黑醋栗的香气。而宾利汽车也具有深沉典雅的特点，欧颂的内敛与宾利的深沉遥相呼应，酒的典雅与车的动力并驾齐驱，令人乐在其中。

玛歌配玛莎拉蒂

玛歌干红以温柔和顺的口感成为最具女性魅力的葡萄酒，口感有力而优雅，像在舌头味蕾上跳的一支芭蕾舞。而玛莎拉蒂是传承百年的意式车型，优雅的同时又不失经典与奢侈。因此，玛歌与玛莎拉蒂都有着同样的优雅与别致。

红颜容配保时捷

红颜容（侯伯王）是五大一级名庄中最具个性化的酒庄。在61家波尔多1855年列级庄中，有60家列级庄来自梅多克产区，只有红颜容出自格拉芙产区。在五大一级庄中，也只有红颜容出产干白葡萄酒。

再来看看保时捷卡宴，卡宴是国际公认的基于保时捷的个性化品牌，近年来开发并生产出了一系列基于保时捷产品的高技术水平和极具个性化的超级整车。因此，红颜容非常适合开保时捷卡宴的人喝。喜爱该酒风味的人与爱开保时捷的人性格较近。

木桐配法拉利

在这五大一级庄中，木桐最大的特色就是与艺术的结缘由来已久。自1945年以来，与当时最伟大的艺术家合作成了木桐酒庄的传统。

再来看看法拉利，早期的法拉利汽车

都是由创始人恩佐·法拉利设计。他以一个赛车运动员和艺术家的双重身份设计汽车，因此，与其他汽车不一样的是，每一辆法拉利汽车，都可以说是一件绝妙的艺术品。共同的艺术气息，把木桐与法拉利联系在了一起。

柏图斯配劳斯莱斯

柏图斯是波尔多右岸的名庄，柏图斯酒庄的平均年产量不超过3万瓶，数量极为有限，价格也十分昂贵，因此有着"酒王之王"的美誉。而劳斯莱斯以一个"贵族化"的汽车公司享誉全球，被誉为"世界上最好的汽车"，有着"车王之王"的美誉。王者风范是柏图斯和劳斯莱斯的共同点。两王之合，乃是品味加贵族风范，巅峰高手之爱。

葡萄酒与音乐

葡萄酒和音乐的搭配是一门美好的艺术。

音乐是一门艺术，葡萄酒和音乐的搭配同样是一门艺术。每种类型的葡萄酒都具有不同的物质结构，每支乐曲都含有不同的音乐元素，利用二者之间的契合点，形成了一套系统的葡萄酒与音乐搭配指南。

外观

葡萄酒的外观包括几个元素：色调、色深、澄清度等。酒液光亮清澈的深红宝石色葡萄酒，很可能来自新世界葡萄酒产区或者新酒。这种酒可以搭配风格活泼明朗的音乐，如一些周杰伦之类歌星的流行歌曲。

如果葡萄酒呈现出石榴红色，略微暗淡，它很可能是一款陈酿时间较久的旧世界葡萄酒。这种葡萄酒适合搭配那些带有忧郁气质或是颇具诗意的乡村音乐，如《三套车》《斯卡博罗市场》。

香气

香气较淡的葡萄酒适合搭配低分贝的音乐，而香气浓郁的葡萄酒适合搭配高分贝的音乐。

具有红色水果和金银花类花朵香气的葡萄酒适合搭配风格活泼、具有大量弦乐器和号角声的音乐。

具有深色水果和紫罗兰类花朵香气的葡萄酒适合搭配含有较多低音元素的音乐。

具有烘焙香料、烤面包或香草这种橡木衍生香气的葡萄酒适合搭配含有敲击乐器，如鼓、军鼓、低音鼓或手鼓等元素的音乐，具体的乐器类型自然还要看葡萄酒中所具有的橡木桶风味浓度。

具有矿物质和泥土风味的葡萄酒适合搭配含有钢琴、合成器等元素的音乐。酒中矿物质的类型决定着音调的高低。例如，带有农场和蘑菇风味的葡萄酒更适合低八度的音乐，而带有石块和白垩土风味的葡萄酒则更适合搭配高八度的音乐。

风味

一般来说，葡萄酒的风味表现几乎同香气一样。因此我们可以参照香气的搭配标准来搭配风味。但是有些葡萄酒含有许多非常复杂的风味，其中一些风味与其散发的香气有所不同，这样的葡萄酒便适合搭配一些更复杂的音乐。

酒体

酒体是指葡萄酒在口感上的重度表现，它与葡萄酒中的酒精含量直接相关。举个例子，轻盈的酒体相当于脱脂牛奶的感觉，适合搭配轻柔的音乐，如小提琴、三角铁、竖琴和吉他等乐器演奏的音乐。

而中等酒体相当于全脂牛奶的感觉，它适合搭配更有力度的音乐，如低音和深沉的声音，以及电吉他和合成器等乐器呈现出的音乐。饱满的酒体相当于鲜奶油的感觉，它适合搭配饱满的音乐，可以是嘻哈风格的音乐，也可以是各种各样的吉他、多种唱腔与多种音乐元素组合形成的音乐。

单宁

单宁与歌者的声音带给人的感觉非常类似。如果歌者的声音柔软，旋律舒缓，那么可以搭配低单宁的黑皮诺；而如果歌者的声音低沉而沙哑，则可以搭配高单宁的赤霞珠葡萄酒。

酸度

酸度是葡萄酒的重要组成部分，过低的酸度会令葡萄酒的口感变得松弛，过高的酸度又会让人难以忍受。

低酸度但口感平衡的葡萄酒，适合搭配简单的原生态音乐，如民歌和吉他弹唱。

酸度越高的葡萄酒越适合搭配复杂的音乐。不过如果酒的酸度太高，就需要搭配那些含有重金属元素的死亡摇滚乐或电子音乐。

酸度与音乐结构同样有关。例如，西蒙和加芬克尔的音乐适合搭配低酸度的葡萄酒，而保罗·西蒙的音乐适合搭配中等酸度的葡萄酒，费拉·库提的音乐适合搭配高酸度的葡萄酒。

余味

葡萄酒的余味有多久？在余味消散后，口腔中的果味会立刻消退还是依然残留呢？这是葡萄酒给人的一种持久性的印象。有些葡萄酒在酿造之初就确定了保持新鲜果味的目标，这种酒适合搭配篇幅较短的合唱歌曲，或是歌曲中的副歌部分。

而那些余味悠长，或是口感复杂且随时间不断演变的葡萄酒适合搭配长篇合唱。国歌或者那些经历时间考验的经典歌曲也适合搭配余味悠长的葡萄酒。例如布鲁斯·斯普林斯汀（Bruce Springsteen）的摇滚国歌《生在美国》，显然不适合搭配果味充沛的黑皮诺葡萄酒，它需要搭配的是酒体强大的葡萄酒，如赤霞珠葡萄酒，因为这样的酒具有充足的单宁和酸度，且散发着深色花朵和深色水果的香气，最重要的是这款酒的余味悠长。

综合外观、香气、风味、酒体、单宁、酸度、余味来搭配音乐，那么，法国波尔多的葡萄酒可以与交响乐相配。波尔多葡萄酒的复杂多变、风味无穷与交响乐的组曲高低跌宕、前后变奏有着异曲同工之妙。比如欣赏贝多芬的《英雄》时，适合饮用拉图酒庄所酿造的葡萄酒，此酒雄浑大气而有精妙之处，就与音乐同步；而右岸圣爱美隆之名庄酒，与《命运》交响曲相得益彰，有共同赞美上帝之声；舌品波尔多名庄，耳聆贝多芬交响曲，五官充满着对生活的热爱，您必能在此美妙时刻与天地同和，身心舒畅。

肖邦钢琴曲，搭配勃艮第黑皮诺，更能显示出酒与音乐的柔和流畅之意，能唤起内心最深处的感受，单纯而又不青涩的勃艮第黑皮诺，与肖邦钢琴曲是世间佳配。

《作品二号》B大调钢琴与管弦乐变奏曲如果搭配罗曼尼·康帝，那就真正达到了"向天才脱帽致敬"的层次。

而"现代钢琴王子"理查德·克莱德曼那欢快流畅的《海边的阿迪丽娜》《秋日私语》等，适合新世界葡萄酒（如美国纳帕谷，南澳大利亚）的味道，给品酒品乐之人带来对世界的憧憬和对美好生活的向往。

法国著名的宝祖利新酒，则可搭配如"超级女声"等娱乐新秀的歌曲，在最璀璨的时刻，把新酒的美好与新秀的青春热情联结。

嫁人要嫁懂点葡萄酒的男人

"要嫁就嫁灰太狼"是很多女孩寻找另一半的标准，因为灰太狼属于"经济适用男"的典型代表，他们长相普通、工作稳定、收入一般，但有生活情调、顾家，对老婆忠心耿耿。然而笔者却认为，女孩可以有更高的追求，如果把择偶标准改为"要嫁就嫁个懂点葡萄酒的男人"，或许会更幸福些，因为：

懂点葡萄酒的男人更健康

葡萄酒本身就有不少养生功效，如可以预防心血管疾病、癌症、预防感冒和老年痴呆，保护视力等。此外，懂点红酒的男人知道适度原则，国际规矩是饮葡萄酒不需要干杯，可以随意。他们知道过度饮酒有害身体健康，知道葡萄酒在品而不在豪饮，知道自己和朋友的身体健康比所谓的"感情铁，感情深"更重要。因此，不管从身体上还是从心理上来说，懂点葡萄酒的男人更健康。

懂点葡萄酒的男人更帅气

葡萄酒因其具有美容养颜、抗衰老的特点而被中国消费者所喜欢。葡萄酒的美容功能源于它含有丰富的多酚物质和白藜芦醇。这些成分具有抗氧化功能，能提高人体的新陈代谢率，淡化色素，使皮肤更白皙、光滑。另外，适量饮葡萄酒还有减肥的功效，因此，懂点红酒的男人更帅，身材也比较好。

懂点葡萄酒的男人更富有

江湖上流传一句话："有钱人喝葡萄酒，有胆人喝白酒，没钱没胆的人喝啤酒。"相比白酒和啤酒，葡萄酒的价格普遍要高，而且与葡萄酒搭配的美食、餐厅也要有档次。因此，懂点葡萄酒的男人都比较富有。据笔者观察，参加酒会的葡萄酒爱好者大都为事业有所成就的白领一族或经济收入高的中产一族。因此，嫁给懂点葡萄酒的男人至少在经济上会有所保证。

懂点葡萄酒的男人见多识广

懂点葡萄酒的男人见多识广，不少人还读过很多优秀的中西方文学作品，因此会有很好的修养和内涵，谈吐优雅，品位不俗。和他在一起，你可以品味红酒，探讨拉菲与罗曼尼·康帝，谈论电影，聊聊《杯酒人生》《云中漫步》，欣赏音乐，谈谈贝多芬、肖邦，畅读西方文学著作，侃侃雨果与米兰·昆德拉。

懂点葡萄酒的男人都很绅士

在西餐礼仪中，都强调男士要有绅士风度，要配合好女士的就座和用餐等。懂点葡萄酒的男人也受到西方文化的陶冶，他们举止高雅，谈吐隽永，懂得为女士服务。他们还懂得有效的社交技巧，懂得恰当得体地为人处世。因此，一个懂点葡萄酒的男人不会大男子主义，会处处谦让你，你可以享受到西方女士的待遇。

懂点葡萄酒的男人至少会懂点外语

由于葡萄酒和葡萄酒文化都是一种舶来品，懂得葡萄酒的男人至少会懂点外语。和他在一起，你们之间会有更为广阔的交流空间，更为有趣的交流方式。另外，你们的孩子英语启蒙也不用请家教了……

懂点葡萄酒的男人对生活有更高标准的追求

葡萄酒是有生命的液体，需要细心的照料，对储藏环境、品酒环境、配餐等都有较高的要求。受葡萄酒思维的影响，懂点葡萄酒的男人对生活品质的要求也会较高。跟他在一起，你不会活得一团糟。

懂点葡萄酒的男人一定是个吃货

美食配美酒，美酒美食不分家，懂点葡萄酒的男人肯定还是个美食专家，也就是常说的"吃货"。嫁给他，你可以享受到世界各地的美食与美酒。

懂点葡萄酒的男人都非常浪漫

葡萄酒会让你在不知不觉中醉而忘情，这也许是人们在约会时喜欢葡萄酒的原因。慢慢地进入状态，慢慢地兴奋起来，慢慢地忘情，似乎更符合人们的情感游戏规则，这也让葡萄酒与浪漫结缘。懂点葡萄酒的男人都懂得营造浪漫气氛。

懂点葡萄酒的男人都很努力

要想葡萄大获丰收，种植葡萄的农民在葡萄园要辛勤地照料和采摘葡萄。在酒庄，酿酒师需要倾注心血才能酿制出好酒。懂点葡萄酒的男人知道好酒来之不易，好的生活和一场美好的爱情并不会从天而降，而是需要努力才能获得。

娶人要娶懂点葡萄酒的女人

她的身体一定非常健康

葡萄酒的养生功效已经是众所周知的事实。葡萄酒不仅可以抗癌、延寿，还可以预防心脏病、心血管病、血栓病和防止动脉硬化；既能保护视力、预防感冒，还能对抗乳腺癌、改善体质；在预防牙周病和阿尔兹海默症的同时，还能降低中风大脑的损伤程度。经常喝点葡萄酒的女人，身体一定非常健康。

她真的不易老

除了可以预防疾病，葡萄酒还有美容养颜的功效。葡萄酒的美容功能源于它含有丰富的多酚物质和白藜芦醇。这些成分具有超强的抗氧化功效，能提高人体的新陈代谢，淡化色素，使皮肤更白皙、光滑。经常喝点葡萄酒的女人真的不易老！

她肯定身材不错

法国堪称美人国，那里的女人不仅漂亮，而且不会因为生育而影响体形。俄国美女虽然也堪称"百步之内必有佳丽"，但她们在生育后，却变成了"俄罗斯大嫂"形象。通过研究比较，得出这样的结论：之所以会出现上面的差异，主要是因为俄罗斯人爱饮烈性酒，而法国人经常饮用葡萄酒。葡萄酒具有保持身材和减肥的功效，因此，经常喝点葡萄酒的女人肯定身材不错。

她必定优雅脱俗

经常喝点葡萄酒的女人懂得如何欣赏葡萄酒，品味葡萄酒，因此会有很好的修养和内涵，谈吐优雅，品位不俗，气质高雅端庄。优雅的打扮可以学，但优雅的气质是学不来的，那是一种源自内心的态度。

她懂得如何雅致地生活

一个恬静的女子，在自己家里，脱掉高跟鞋，纤纤素手拿着透明的水晶杯，到面朝大海的阳台上，坐在藤椅中，慢慢地晃动红红的液体，用红唇缓缓地啜着缕缕的醇香。只有这种雅致的女人才懂得如何淡然地享受生活，她能绽放出如葡萄酒一样醉人的美。

她思维开阔，有见识，至少会点外语

经常喝点葡萄酒的女人热爱欧美文化，思维开阔，见识广。此外，由于葡萄酒和葡萄酒文化都是一种舶来品，懂得葡萄酒的女人至少会一门外语。和她在一起，你们之间会有更为广阔的交流空间，更为有趣的交流方式。

她是社交场合上的佼佼者

经常喝点葡萄酒的人懂得有效的社交技巧，懂得恰当得体地为人处世，不会斤斤计较，不会让你觉得烦躁不安，更不会对你大呼小叫、无理取闹。

她有很强的审美能力

经常喝点葡萄酒的女人经常会对葡萄酒的色、香和味进行品评，因此培养了很强的审美能力。这种能力使得她不会轻易爱上一个人，但凡让她心动的男士都不平凡，他们不一定外表光鲜抢眼，也不一定有显赫的身份背景，但他们一定有独特的个人魅力和潜在的成功者品质。

她还是个美食专家和营养师

美食配美酒，美酒美食不分家。经常喝点葡萄酒的女人肯定还是个美食专家。她还会对营养特别讲究，知道吃什么好，什么不能多吃。她也会把你的饮食习惯改得更加健康，无形中，你又多了一个营养师。

她能淋漓尽致地散发女人味

女人是不轻易喝葡萄酒的，一旦喝葡萄酒便有另一番风情。女人喝葡萄酒，常常像微风中的杨柳拂面，碧波上的紫燕剪水，轻轻一抿，便风韵无限。女人一旦饮下三杯两盏葡萄酒，便千娇百媚一起袭来，那是一种叫人牵肠挂肚、顿生怜爱的女人味。美酒与美人的结合，世间至美事物不外如此。

女人与葡萄酒

饮红酒的女人是一道独特的风景，她的魅力会在红色的酒液中散发出来。红酒裹着高贵、浪漫的外衣，彰显的其实是一种生活态度，对美好生活的不懈追求。

起源于古波斯的葡萄酒，还有着一个与有美人、身份、品位有关的传说。

说的是一个失宠的妃子欲寻短见，把发酵的葡萄汁误当毒药喝了，结果人没死反而更加美艳动人了，这美妙的结局使妃子再度受宠。从此，红酒的美颜功能便成了追求生活品质的女人们的爱物。除了美颜，红酒更能点化女人的媚态，即使是一个平时有点刻板的女人，在红酒的催化下，也会变得生动起来，动听的燕语莺声，再加上袅袅娜娜的肢体语言，总是能让女人魅力四射。

品味红酒 品味生活

一个懂得品味红酒滋味的女人是懂得品味生活的。她的优雅与高贵，韵味与魅力，在握着酒杯的姿态中，在品味红酒的过程中展露无遗。在清凉的琼浆玉露缓缓入喉的瞬间，女人焕发出动人的光彩。这是葡萄酒遇上美女的故事，浪漫艳丽。

女人赋予葡萄酒生命，酒汁渗透女人的身体，这是天地精灵与自然精灵的碰撞，这时的女人是葡萄酒的主宰。红色的液体如同女人脸上那娇媚的花，女人的娇姿被酒衬托得完美无瑕！

古人云："我醉欲眠君而去，明朝有意抱琴来。"

葡萄酒是美丽的，是超越尘世的。女人天生就懂葡萄酒，或者说葡萄酒天生与女人有缘，在城市的每个酒吧里，都能看到端着精致的高脚杯的女人坐着品味那柔滑的液体，在这一刻，幸福也罢，忧愁也罢，酒与女人同时美丽着。喝葡萄酒的时候，仿佛有一条清冽的小溪缓缓流入心田，干涸的心田被灌溉，感觉世界变得就像葡萄酒一样醇厚而又美妙。

葡萄酒的人文情怀

　　万丈红尘三杯酒：酒使人们思维活跃，思路开阔，文人骚客饮酒后流下传世名作，千古流芳。下面我们带来古代著名诗人们各种咏颂葡萄酒的诗篇。

有关葡萄与葡萄酒的古代诗词（节选较出名的）

最为出名的当然是唐末边塞诗人王翰的《凉州词》：

　　葡萄美酒夜光杯，欲饮琵琶马上催。

　　醉卧沙场君莫笑，古来征战几人回？

据《十洲记》记载："周穆王时西胡献夜光常满杯，杯是白玉之精，光明夜照。"鲜艳如血的葡萄酒，满注于白玉夜光杯中，色泽艳丽，形象华贵。诗词生动地描述了唐朝时饮葡萄酒的时尚，饮者已懂得喝葡萄酒要用专业的夜光杯。

三国时曹植的《种葛篇》，已证明当时葡萄已广泛种植。葛藟即为葡萄。

　　种葛南山下，葛藟自成荫。

　　与君初婚时，结发恩义深。

盛唐诗人李顾《古从军行》(蒲桃＝葡萄)：

　　白日登山望烽火，黄昏饮马傍交河。

　　行人刁斗风沙暗，公主琵琶幽怨多。

　　野云万里无城郭，雨雪纷纷连大漠。

　　胡雁哀鸣夜夜飞，胡儿眼泪双双落。

　　闻道玉门犹被遮，应将性命逐轻车。

　　年年战骨埋荒外，空见蒲桃入汉家。

诗人李顾，《唐才子传》称其"性疏简，厌薄世务。"李顾这首《古从军行》写了边塞军旅生活和从军征戍者的复杂感情，借用汉武帝引进葡萄的典故，反映出君主与百姓、军事扩张与经济贸易、文化交流与人民牺牲之间尖锐而错综复杂的矛盾。也说明当时葡萄种植有政府行为且受到重视。

初唐诗人王绩的《过酒家五首》：

> 竹叶连糟翠，蒲萄带曲红。
>
> 相逢不令尽，别后为谁空。

自称"五斗先生"的王绩不仅喜欢喝酒，还精于品酒，写过《酒经》《酒谱》。这是一首十分得体的劝酒诗，朋友聚宴，杯中的美酒是竹叶青和葡萄酒。王绩劝酒道：今天朋友相聚，要喝尽樽中美酒，一醉方休！它日分别后，就是再喝同样的酒，也没有兴致了。

李白的《对酒》：

> 蒲萄酒，金叵罗，吴姬十五细马驮。
>
> 青黛画眉红锦靴，道字不正娇唱歌。
>
> 玳瑁筵中怀里醉，芙蓉帐底奈君何。

实际上，李白非常葡萄酒，恨不得人生百年，天天都沉醉在葡萄酒里。本诗是对当时葡萄酒盛行的一种描述。

晋朝陆机的《饮酒乐》：

> 蒲萄四时芳醇，琉璃千钟旧宾。
>
> 夜饮舞迟销烛，朝醒弦促催人。

春风秋月恒好，欢醉日月言新。

陆机 (261—303) 是三国时东吴名臣陆逊的孙子。吴亡后，他于晋太康末应诏入洛阳，曾为太子洗马、中书郎等职。《饮酒乐》中的"蒲萄"是指葡萄酒。

南北朝诗人庾信的《燕歌行》：

蒲桃一杯千日醉，无事九转学神仙。

定取金丹作几服，能令华表得千年。

庾信 (513—581) 在诗中表达了自己的想法：不如去饮一杯葡萄酒换来千日醉，或者为了长生去学炼丹的神仙。若能取得金丹作几次服食，定能像千年矗立的 华表，永享天年。诗中将饮用葡萄酒与服用长生不老的金丹相提并论，可见当 时已认识到葡萄酒是一种健康饮料。

李白的《襄阳歌》：

落日欲没岘山西，倒著接䍦花下迷。

襄阳小儿齐拍手，拦街争唱《白铜鞮》。

旁人借问笑何事，笑杀山公醉似泥。

鸬鹚杓，鹦鹉杯。

百年三万六千日，一日须倾三百杯。

遥看汉水鸭头绿，恰似葡萄初酦醅。

此江若变作春酒，垒曲便筑糟丘台。

千金骏马换小妾，醉坐雕鞍歌《落梅》。

车旁侧挂一壶酒，凤笙龙管行相催。

咸阳市中叹黄犬，何如月下倾金罍？

君不见晋朝羊公一片石，龟头剥落生莓苔。

泪亦不能为之堕，心亦不能为之哀。

清风朗月不用一钱买，玉山自倒非人推。

舒州杓，力士铛，李白与尔同死生。

襄王云雨今安在？江水东流猿夜声。

酒神兼诗人李白对葡萄酒很痴迷，幻想着将一江汉水都化为葡萄美酒，每天都喝它三百杯，一连喝它一百年，也确实要喝掉一江的葡萄酒。从诗中也可看出，当时葡萄酒的酿造已相当普遍。

唐代大文豪韩愈的《蒲萄》：

新茎未遍半犹枯，高架支离倒复扶。

若欲满盘堆马乳，莫辞添竹引龙须。

白居易的《和梦游春诗一百韵》中有："带襵紫蒲萄，袴花红石竹"的诗句；《房家夜宴喜雪戏赠主人》中有："酒钩送盏推莲子，烛泪粘盘垒蒲萄"的句子；《寄献北郡留守裴令公》中有："羌管吹杨柳，燕姬酌蒲萄"的诗句。这些都充分反映了葡萄及葡萄酒的深入人心。

还有唐代刘禹锡《蒲桃歌》：

野田生葡萄，缠绕一枝高。

移来碧墀下，张王日日高。

分歧浩繁缛，修蔓蟠诘曲。

扬翘向庭柯，意思如有属。

为之立长檠，布濩当轩绿。

米液溉其根，理疏看渗漉。

繁葩组绶结，悬实珠玑蹙。

马乳带轻霜，龙鳞曜初旭。

有客汾阴至，临堂瞪双目。

自言我晋人，种此如种玉。

酿之成美酒，令人饮不足。

为君持一斗，往取凉州牧。

诗中描述了诗人从种植葡萄到收获葡萄的全过程，包括了修剪、搭葡萄架、施肥、灌溉等栽培管理，并且葡萄获得丰收。刘禹锡作为政府的高官，能准确地掌握葡萄栽培技术，可见盛唐时期葡萄种植业的发达。

苏东坡的《谢张太原送蒲桃》：

冷官门户日萧条，

亲旧音书半寂寥。

唯有太原张县令，

年年专遣送蒲桃。

苏东坡一生仕途坎坷，多次遭贬。在不得意时，很多故旧亲朋音讯全无。只有太原的张县令，不改初衷，每年都派专人送葡萄来。从诗中我们还知道，到了宋朝，太原仍然是葡萄的重要产地。

陆游的《夜寒与客烧干柴取暖戏作》：

> 槁竹干薪隔岁求，正虞雪夜客相投。
>
> 如倾潋潋蒲萄酒，似拥重重貂鼠裘。
>
> 一睡策勋殊可喜，千金论价恐难酬。
>
> 他时铁马榆关外，忆此犹当笑不休。

到了南宋，小朝廷偏安一隅。当时的临安虽然繁华，但葡萄酒却因为太原产区已经沦陷，显得稀缺且名贵，这可从陆游的诗词中反映出来。诗中把喝葡萄酒与穿貂鼠裘相提并论，说明葡萄酒可以给人体提供热量，同时也表明了当时葡萄酒的名贵。

元代诗人刘诜的《葡萄》：

> 露寒压成酒，无梦到凉州。

元代诗人丁复的《题百马图为南郭诚之作》：

> 葡萄逐月入中华，苜蓿如云覆平地。

元代诗人兼画家王冕的《大醉歌》：

> 古恨新愁迷草树，不如且买葡萄醅。

元代汪克宽的《秀上人饮绿轩》：

> 绀云满涨葡萄瓮，青雨长悬玛瑙瓶。

元代周权则的《葡萄酒》：

纵教典却鹴鹴裘，不将一斗博凉州。

元代女诗人郑允端的《葡萄》：

满筐圆实骊珠滑，入口甘香冰玉寒。

若使文园知此味，露华不应乞金盘。

★文园，即汉文帝的陵园孝文园

元代回族诗人丁鹤年的《题画葡萄》：

西域葡萄事已非，故人挥洒出天机。

碧云凉冷骊龙睡，拾得遗珠月下归。

元代柯九思的《题温日观画葡萄》：

学士同趋青琐闼，中人捧出赤瑛盘。

丹墀拜赐天颜喜，翠袖携归月色寒。

柯九思，号丹丘山，浙江仙居人，曾任奎章阁鉴书博士，凡元文宗所藏书法名画，均由他鉴定。由以上这首诗可以得知，温日观所画的葡萄也被皇家收藏，而且温日观本人也曾被元朝皇帝接见过。

元代郑元佑《重题温日观葡萄》：

故宋狂僧温日观，醉凭竹舆称是汉。

以头濡墨写葡萄，叶叶枝枝自零乱。

金代杜仁杰的《集贤宾北·七夕》：

> 团圈笑令心尽喜，食品愈稀奇。
>
> 新摘的葡萄紫，旋剥的鸡头美，
>
> 珍珠般嫩实。欢坐间夜凉人静已，笑声接青霄内……

元代关汉卿的《朝天子·从嫁媵婢》：

> 鬓鸦，脸霞，屈杀了将陪嫁。
>
> 规模全是大人家，不在红娘下。
>
> 巧笑迎人，文谈回话，真如解语花。
>
> 若咱，得他，倒了葡萄架。

元代咏颂葡萄及葡萄酒的诗人墨客很多，证明了即使游牧民族的元朝也盛行葡萄种植及饮葡萄酒的风气。

元代张可久《湖上即席》：

六桥，柳梢，青眼对春风笑，一川晴绿涨葡萄，梅影花颠倒。

药灶云巢，千载寂寥，林逋仙去了。

九皋，野鹤，伴我闲舒啸。

张可久《山中小隐》：

裹白云纸袄，挂翠竹麻条，一壶村酒话渔樵，望蓬莱缥缈。

涨葡萄青溪春水流仙棹，靠团标穿空岩夜雪迷丹灶，碎芭蕉小庭秋树响风涛。先生醉了。

张可久《山坡羊·春日》：

芙蓉春帐，葡萄新酿，一声金缕樽前唱。

锦生香，翠成行，醒来犹问春无恙，花边醉来能几场。

妆，黄四娘。狂，白侍郎。

清初曹寅的《赴淮舟行杂诗之六·相忘》：

短日千帆急，湖河簸浪高。

绿烟飞蛱蝶，金斗泛葡萄。

失薮哀鸿叫，搏空黄鹄劳。

篷窗漫抒笔，何处写遁逃。

曹雪芹的祖父曹寅官至通政使、管理江宁织造、巡视两淮盐漕监察御史，都是些实实在在的令人眼红的肥缺，生前享尽荣华富贵。这首诗告诉我们，葡萄酒在清朝仍然是上层社会常饮的樽中美酒。

清末康有为：

浅饮张裕葡萄酒，移植丰台芍药花。

更复法华写新句，欣于所遇即为家。

葡萄酒第三生世大结局

选　酒

宴请前，明白今晚的来宾及主题后，开始挑选今晚需要的用酒品种及数量，第一道与最后一道酒之间，应该配备几道酒：如果是人数不多的简便餐，可能三道酒即可（汽酒、白葡萄酒、红葡萄酒）。如果是大餐及大聚会，可能要配置七道酒，按次序上酒（汽酒、素雅的白葡萄酒、强劲的白葡萄酒、清淡的红葡萄酒、浓郁的红葡萄酒、甜白葡萄酒、雪莉酒或波特酒），这上酒的次序要搭配上菜菜品的次序。

宴请时如果只有一种酒是不礼貌的行为，每种酒都相当于一道菜，您请客当然不可能只吃一道菜，只上一种酒。所以，起码要带一种红葡萄酒和一种白葡萄酒，这样至少有前菜后菜之分。

　　"红葡萄酒配红肉，白葡萄酒配白肉"是入门级的知识，进阶级的就如刚才讲的七道酒，从轻柔的酒到厚重的酒，从白颜色到红颜色，所以点菜的菜品也相应要配得上。汽酒是餐前开胃酒，之后第二道素雅白葡萄酒可以配蔬菜沙拉，第三道强劲点的白葡萄酒可以配海鲜，第四道清淡的红葡萄酒及第五道红葡萄酒对应着红肉（如牛羊肉或猪扒、炸虾等），上甜点时就需甜白葡萄酒了。最后的超过20度的雪莉酒或波特酒就是餐后调节胃口之酒了。

舌头的味蕾分布

4种主要味道

·甜

·酸

·咸

·苦

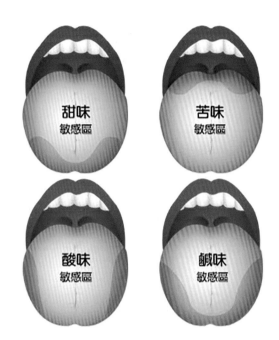

舌头先尖品到甜味，其次是酸与咸，最后才是苦味，这与舌头的味蕾分布有关，可看上图。

一瓶好葡萄酒气味的组成应该是这样

·果味芳香　　　　　·酸度适宜

·酒精中等　　　　　·涩味平衡

·橡木桶香　　　　　·所有的气味必须平衡

人可以嗅出几千种味道，如果鼻子堵塞，食物会失去应有的风味。

葡萄酒的气味罗盘，主要分以下五大类

· 果香类　　　　· 花香类

· 香料类　　　　· 植物、橡木类

· 其他类

所有的香气都可以根据这五大类再细分。

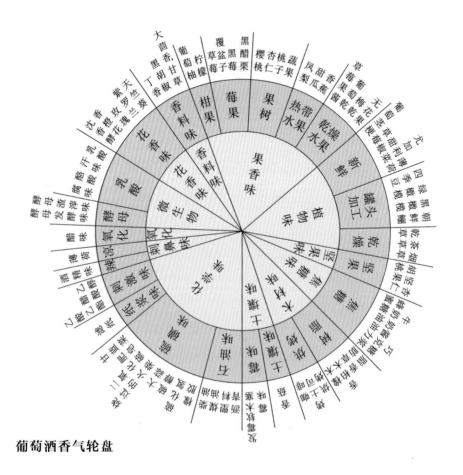

葡萄酒香气轮盘

"天龙八部"品酒法

观色、闻香、摇杯、入口（前半部）

荡舌、细吞、回味、呼吸（后半部）

这八步品酒，让葡萄酒把第三世璀璨美好的一切特性都奉献给了人类，也将它转化积累了三世的精华，重生在人体之内，让人们享受美好的时光并获得健康。这八步如行云流水，浑然天成，将葡萄酒第三世推至高峰，涅槃重生！

观色

把酒倒入干净的、专业的红酒杯中，杯子略微斜端，向着白色背景，观看酒杯中酒液的颜色，层次澄清度，就此可判断出此杯中酒的大致年份及保存的状况：对红葡萄酒来说，颜色鲜艳的一般为新酒，颜色淡而旧的一般为老酒。而白葡萄酒却是越深色年份越老，越清澈年份越新。

闻香

把鼻子放在酒杯上端，杯子略斜，深吸下方酒杯中红酒的味道，感受酒液中散发出的味道，从而判断酒的情况：是否醒过酒、是否保存完好等，从各种味道中体会酒的精华之处。一杯醒得刚好的好酒，它一定是有花香味及果香味，不可能是难闻之味或无味。反之，差酒则无法闻出好味道。这是品酒的关键之处。

摇酒（醒酒）

使杯中的酒与氧气充分接触，氧化后的各种香气能散发出来，让酒的第二层次，甚至第三层次的香气呈现，带给品酒者更好的享受。

入口（大口）

第一口要一大口，以包住舌头为准。因味蕾在舌头上，口腔充满酒液才能最快感受味道。

荡舌

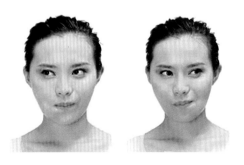

舌头在酒液里摇荡，把酒当成肉，需要用牙齿咀嚼，才能更好地品味美酒。这也是重要一环。

细吞

大口进，细口吞，分成几口慢慢咽下，这样会在喉咙形成香气通道，延长酒香持续时间，增强愉悦感。

回味

吞进后，想想刚才的各种味道，有哪种花香及果香或香料味，回忆一下有助于加深对各种葡萄酒的印象，形成脑海里的"品酒日记"。

呼吸

回味酒香之后，嘴巴紧闭，深吸一口气，用鼻子把气呼出来，香气会在后鼻腔多停留二三秒，这是"天龙八部"的最精粹部分，也是品酒高潮之处。

品酒日记

——笔者2010年对法国西尔斯城堡红（世博会合作用酒）的品酒体会

　　酿酒师是酒庄的灵魂，他的心情变化或习惯改变可以直接影响到酿酒过程中酒的各种物理和化学特征。法国西尔斯城堡红出自波尔多的西尔斯酒庄，其酿酒师在调酒的过程中加入了歌海娜、梅洛、赤霞珠、设拉子等，以这四种为主，综合了中国人喜爱的花香强烈型葡萄品种，使之达到酸涩平衡的状态。起初由于花香在初期过于强烈，多品种的葡萄反而令多层次的味道不大明显，醒酒时间短导致生命力不长（即醒酒后一个小时趋于平淡）。在今年，西尔斯庄园酿酒师在葡萄品种上加大了歌海娜的作用，从而减少了赤霞珠及设拉子的影响，调制之后的法国西尔斯城堡红酸度加大，但明显入口涩感减少，把花香味压制在半小时后并慢慢挥发，保持了酒的原味，反而增强了该酒的生命力，使其能在醒酒两个小时后还能散发出持续的香味。

　　在打开酒瓶时，一股优雅细腻的花香代替了原先浓烈的花香，伴随着酸梅和李子的香气，饱含一大口，慢慢吞下，李子及梅子的酸甜味悠长，并带有清爽的酸度，单宁柔顺，酒精度中等，酒体适中，略有回味。半小时后，酸梅味慢慢淡去，果味更加突出，伴有明显的橡木味，一小时后，淡淡的李子味和橡木味道还在，增加了一种辛辣的胡椒味，但已经缺少层次变化了。过了两个小时，还是一小时前的那种状态，最后，醒酒三个小时后，酒变得很平淡了。

一瓶 AOP 级的波尔多大区酒，能够持续三小时以上，兼有不同层次的香气变化，非常值得品尝！略微增加的酸度更加适合偏咸或酸的传统中国菜式。

葡萄酒的第三生：辉煌的一生

朴实修炼过两世，只为此生争辉煌。这一生最短暂，从开瓶、醒酒，到杯中、口中，最后穿肠而过。与人同体，引人陶醉，为人付出，予人健康快乐，这就是葡萄酒三生三世的宗旨！

这一生犹如烟花绽放，一刹那辉煌，前两世精耕细作的结果，质优质劣，或赞或贬，尽在此展开。

这个过程中，有品酒前的精明选择，开瓶时娴熟灵动的动作，醒酒时期待的眼光，握杯摇酒时的优美姿态，碰杯时清脆的声音，入口那一刻的各种味道，口腔中酒体游荡及细吞回味，经食道之后的呼吸，这就是所谓的"天龙八部"品酒法！

葡萄酒第三生更催生了无数名篇佳作。"葡萄酒美酒夜光杯，欲饮琵琶马上催。醉卧沙场君莫笑，古来征战几人回"的回肠荡气；也有"李白斗酒诗百篇，长安街上酒家眠。天子呼来不上船，自称臣是酒中仙"的逍遥自在；更有"万丈红尘三杯酒，千秋大业一壶茶"的豪气。

这一世，你若盛开，我必到来；葡萄酒，就是为了人类的健康和快乐而诞生的。随着历史的发展及人类的进步，葡萄酒形成了璀璨的文化，成为人们的健康时尚生活中不可缺少的一部分。